AF314160

CONSIDÉRATIONS

SUR L'AMÉLIORATION ET LA PROPAGATION

DES CHEVAUX

DANS LE DÉPARTEMENT DE LA LOIRE-INFÉRIEURE,

ET PROJET

DE LA CRÉATION D'UNE RACE FRANÇAISE,

PAR M. ROBINEAU DE BOUGON,

ANCIEN DÉPUTÉ DE LA LOIRE-INFÉRIEURE;

SUIVIES D'UN

RAPPORT

FAIT, A CE SUJET, A LA SOCIÉTÉ ACADÉMIQUE DE NANTES,

AU NOM D'UNE COMMISSION SPÉCIALE,

PAR M. CAMILLE MELLINET.

NANTES,

DE L'IMPRIMERIE DE CAMILLE MELLINET.

—

1838.

CONSIDÉRATIONS

SUR L'AMÉLIORATION ET LA PROPAGATION

DES CHEVAUX

DANS LE DÉPARTEMENT DE LA LOIRE-INFÉRIEURE,

ET PROJET

DE LA CRÉATION D'UNE RACE FRANÇAISE ;

PAR M. ROBINEAU DE BOUGON ,

ANCIEN DÉPUTÉ DE LA LOIRE-INFÉRIEURE.

———

Communication faite à la Société Académique de Nantes ,
DANS SA SÉANCE DU 4 AVRIL 1838.

———

MESSIEURS, j'ai dû fournir, depuis quelques temps,
des renseignements sur le lieu où il convient d'établir
dans l'Ouest un dépôt de remontes ; je me suis hâté de les
donner en apprenant qu'on était presque déterminé à le
mettre à Angers, tandis que je pense qu'il serait plus
avantageusement placé dans notre département.

J'ai dû aussi réclamer contre la décision du conseil des haras qui, cette année, prive nos courses du prix de mille francs destiné aux chevaux de deux à trois ans; car on nous ôte cet encouragement au moment où des producteurs de pur sang, que nous n'avons que depuis trois ans, nous fournissent quelques poulains capables de disputer ce prix.

Après avoir transmis les détails nécessaires, pour faire apprécier les avantages réciproques de nos localités, j'ai été entraîné à émettre quelques idées générales sur la nécessité de créer une race française et de donner à nos haras, une nouvelle organisation.

Plusieurs de nos collègues m'ont engagé à vous soumettre ces idées, quelque peu liées qu'elles fussent; mais je réclame toute votre indulgence pour ces lambeaux de lettres, écrites à la hâte et propres seulement à provoquer une discussion, d'où il pourrait sortir un travail qui, revêtu du sceau de votre approbation, aurait quelque valeur et pourrait être utile au pays. C'est cette espérance, Messieurs, qui m'a déterminé à vous faire cette communication.

Notre département renferme des terres de toute nature. Celles de la rive droite de la Loire, souvent stériles, sont, dans la même localité, arides ou trop mouillées. La terre végétale y est placée sur un fond granitique, ou schisteux, ou encore sur du sable, quelquefois si fin qu'il retient l'eau. Elle le pénètre et forme des fondrières, dans lesquelles se sont enfouis un grand nombre de végétaux. Sur la superficie de ce sol mouvant, on coupe de la tourbe pour le chauffage. Dans d'autres endroits, des dépôts calcaires aident à faire des engrais et à fertiliser la terre. Enfin des houilles, des minerais viennent, çà et là, vivifier un peu ces stériles contrées. Les terres moins accidentées encore de la rive gauche, sont du moins un peu meilleures : au fond granitique, schisteux et sablonneux, se joignent, sur une assez grande étendue, le fond calcaire et beaucoup de terres d'alluvion.

Nantes, capitale de la Bretagne, étant devenu un centre actif de commerce, eut besoin, pour ses navires, d'une grande quantité de chanvre. Cette plante ne vient ordinairement que dans les meilleures terres ; cependant, les efforts inouis de l'agriculture, alors très-perfectionnée dans le comté nantais, parvinrent à en faire produire à presque toutes ces terres, quelque médiocres qu'elles fussent ; mais celles de Maine-et-Loire étant d'une qualité bien supérieure et plus convenable à cette culture, elle y prit un grand développement, tandis qu'elle fut presque entièrement abandonnée dans notre département.

Cette révolution agricole se fit d'autant plus facilement que, dans le comté nantais, les esprits étaient presque uniquement occupés de spéculations commerciales, bien plus lucratives à cette époque que les faibles gains du laboureur. Ces changements de culture et cette direction des idées furent funestes à l'agriculture, qui tomba dans le découragement et la décadence dont elle ne s'est pas relevée. Et il sera d'autant plus difficile de la faire sortir de l'état d'ignorance vraiment déplorable dans lequel elle est aujourd'hui, qu'on nous présente de toutes parts de vaines

théories et des systèmes complets d'innovations, au lieu
d'une pratique éclairée et des perfectionnements cons-
tants auxquels cette pratique conduit les agriculteurs ha-
biles et judicieux, dont l'exemple peut seul entraîner le
laboureur, trop routinier peut-être et hors d'état de faire
les dépenses, souvent ruineuses qu'on lui propose, souvent aussi par spéculation. Une bonne méthode, des ou-
tils perfectionnés, ne sont bons pour le laboureur, que
s'ils sont à bon marché et si les ouvriers du pays peuvent
les faire et les modifier à sa convenance ; souvent trompé,
il ne s'écarte de sa routine qu'à regret : il veut avoir vu
le succès ; il craint la misère et la faim.

Quoi qu'il en soit de l'abandon de la culture du chanvre dans le comté nantais, et de la décadence de son
agriculture, il en est résulté que la quantité de prairies,
déjà fort considérable, s'est encore accrue, tandis que
l'introduction d'une culture très-productive et l'état
prospère de l'agriculture dans le département de Maine-
et-Loire, y ont produit l'effet contraire, c'est-à-dire,
une diminution fort sensible du nombre de ses prairies.
Si, de plus, nous ajoutons qu'une grande quantité des
terres remises en prairies dans ce département, parce
qu'elles étaient trop basses et trop mouillées pour être
cultivées, sont situées au confluent des trois rivières
du Loir, de la Sarthe et de la Mayenne et sur les bords
de l'Aution, dont le fond marécageux ne donnait que des
foins mous et de mauvaise qualité, on verra pourquoi
la race des chevaux angevins est molle et mauvaise,
ou, pour mieux dire, pourquoi il n'existe pas de race an-

gevine. En effet, pour ne pas être embarrassé de chevaux mauvais et n'ayant pas de réputation, on n'en a jamais élevé dans cette province.

Mais, pour consommer les fourrages de qualité inférieure dont nous venons de parler, les marchands de chevaux de Maine-et-Loire viennent acheter aux foires du département de la Loire-Inférieure une grande quantité de poulains de deux à trois ans. Ces poulains, qui sont généralement malingres et ayant déjà beaucoup trop travaillé, sont vendus gras l'année suivante et avant qu'ils aient eu le temps de contracter les fluxions périodiques et les autres maladies qu'engendrent les foins de mauvaise qualité et les pâturages trop mouillés.

Les foins champeaux en Maine-et-Loire sont ardents, trop ardents pour les chevaux; ils sont réservés pour les bœufs de travail.

Les avoines, en grande partie avoines de printemps, dites de Brissac, sont très-abondantes dans ce département; elles sont très-légères, tandis que celles d'hiver dites de Bretagne, sont lourdes et nourrissantes. Ces dernières sont réservées pour les chevaux de travail, malgré la différence de prix. Les premières se vendent 80 fr., et les secondes de 100 à 110 fr. (les 150 décalitres). — On les mélange, on fraude. — Le prix des foins est, sur place, de 12 à 20 fr. le millier (les 500 kilo.), suivant la position et la qualité. Maine-et-Loire, Saumur surtout, tirent une grande partie des foins qu'ils consomment, des environs d'Ancenis (neuf lieues au-dessus de Nantes). Les terres légères du bassin de la Loire, très-large en cet endroit, pendant cinq lieues environ, n'étant pas assez élevées au-dessus des eaux du fleuve pour être cultivées, donnent un foin d'excellente qualité, qui se vend de neuf à dix francs sur place. Ces foins ne suffisent pas au département de Maine-et-Loire; il va en chercher jusque dans les prés de Buzay (cinq lieues au-dessous de Nantes). Ils sont d'une qualité encore supérieure à ceux d'Ancenis, quoiqu'ils aient une apparence marécageuse. Ils se vendent douze francs sur place; leur bonne qualité vient de ce que ces prairies sont soumises aux grandes marées; et c'est aussi la cause de leur apparence marécageuse.

Le département de la Loire-Inférieure, à raison de la quantité et de la qualité de ses fourrages, a toujours élevé un très-grand nombre de chevaux fort estimés, surtout depuis que l'agriculture y a été négligée, et précisément par ce motif; car on sait que l'élève des animaux domestiques prospère et décroît lorsque la culture des plantes, plus précieuse pour l'homme eu égard à sa population, est plus ou moins soignée et productive.

Nous distinguons cinq espèces de chevaux dans ce département; savoir : premièrement, celle dite de Savenay, qui s'étend des forêts de Saffré, de la Meilleraie et de Rougé, jusqu'à la mer. — C'est la moins élevée : les plus grands de ces chevaux ne peuvent servir que pour la cavalerie légère; ils sont excellents, vites, sobres, et résistent bien à la fatigue.

Deux autres espèces, celles de Couëron et de la Vallée

de Saint-Julien, sont un peu plus élevées en taille : elles sont aussi fort bonnes, et peuvent fournir quelques chevaux de cavalerie de ligne, et beaucoup de chevaux de cavalerie légère.

Enfin, les poulains de Machecoul et de la vallée de la Loire, sont de haute taille, presque tous enlevés par les Normands, et vendus par eux comme chevaux normands.

Dans le département de la Loire-Inférieure, 5000 juments sont chaque année employées à la reproduction, sans qu'on cesse de les faire travailler.

La manière dont on cultive, et surtout l'habitude, veulent que, dans les petites cultures et dans les vignes, les fumiers et les récoltes soient conduits, par des sentiers, sur de petits chevaux. Souvent il n'existe pas d'autres chemins pour exploiter des terres extrêmement divisées. Aussi les paysans estiment et aiment beaucoup les petits chevaux, plus faciles à nourrir, à conduire, à charger et à décharger que les grands : ils les font travailler dès l'âge de neuf à dix mois. Elever la taille présente donc une difficulté, qui, cependant, dans de certaines limites, n'est pas insurmontable. Pour le transport du charbon, du minerai, on préfère aussi les petits chevaux, nourris sans frais dans les bois et sur les terres incultes.

Le débouché avantageux qu'offrirait un dépôt de remontes établi dans notre département, produirait un bon effet ; il contribuerait à élever la taille et à faire garder plus long-temps les poulains par les éleveurs, tandis qu'ils les vendent maintenant à trois ans, au plus tard, après les avoir fait travailler.

Deux mille poulains de deux à trois ans sont dirigés chaque année sur le département de Maine-et-Loire, et cinq cents sur la Normandie.

Toutes les avoines de la Loire-Inférieure sont des avoines d'hiver, lourdes et nourrissantes, dont les prix varient de 90 à 130 fr., et même plus, à cause de la grande exportation.

Les prix des foins, pour la généralité du département, sont de 9 à 15 fr. sur place. Le prix moyen à Nantes, transport, déchet, bottelage et droits compris, est de 24 francs.

Les avantages que présentait le comté nantais pour élever des chevaux, et la connaissance de ses bonnes espèces, n'étaient point ignorés des Etats de Bretagne : ils entretenaient à grands frais les étalons qui convenaient aux juments de chaque arrondissement. Cette mesure n'a pas peu contribué à augmenter l'énergie et les bonnes qualités de nos races. Le choix des étalons ne répond plus aussi bien aux besoins des localités. Une autre cause s'oppose encore plus à l'amélioration et à la légère élévation que nous voudrions voir prendre à nos races : c'est l'absence de réglements pour la pâture, et surtout pour la vaine pâture. Ces réglements devraient astreindre à faire châtrer les chevaux qu'on laisse vaguer dans la vaine pâture ; et, pour les pâtures closes, les propriétaires devraient répondre des faits de leurs chevaux entiers : sans cela, les juments arriveront toujours pleines aux étalons les mieux appropriés.

Le Ministre de la guerre, qui a besoin de trouver

en France toutes les ressources nécessaires pour bien faire la guerre, devrait, dit-on, être chargé d'opérer les améliorations nécessaires pour produire de bons chevaux de guerre, capables de résister à des fatigues continuelles. Les dépenses que ces améliorations nécessiteraient, confondues, en quelque sorte, avec les énormes dépenses des remontes, n'exciteraient plus autant de réclamations dans les chambres, dont quelques membres peu éclairés sur cette matière, ou voulant acquérir de la popularité, sont bien aises de faire considérer les frais des haras, tels qu'ils sont actuellement, comme une dépense de luxe, qu'une bonne administration ne doit pas augmenter, et qu'elle devrait bien plutôt supprimer pour ne pas en grever inutilement les contribuables. Cependant, Messieurs, quelque imparfaits que soient nos haras, ils produisent le grand avantage d'augmenter le nombre des juments et des chevaux d'énergie, et, par suite, l'énergie ou la bonté de nos races indigènes.

Des faits que je viens de vous exposer et des réflexions qui les accompagnent, ne devons-nous pas conclure que le département de la Loire-Inférieure offre les plus grands avantages pour y établir un dépôt de remontes, et que sa situation entre les gras pâturages du Poitou, qui fournissent tant de *chevaux normands*, et ceux du Morbihan, dont les races sont si estimées pour les postes, les diligences et les transports militaires, est admirable pour un tel établissement ?

Ne devons-nous pas encore conclure que le bas prix, et la bonne qualité des fourrages à Ancenis, doivent

faire placer le dépôt de remontes dans cette ville, où viennent se réunir trois routes qui lui fournissent les moyens
de communiquer directement avec toutes les parties de la
Bretagne, par Candé et Pouancé, par Châteaubriant et
Redon, et par Nort et la Roche-Bernard ; et, avec le
Poitou, par les trois routes qui viennent, des différents
points de cette ancienne province, s'embrancher dans les
précédentes, au moyen du pont qui se construit à Ancenis. Il est inutile de vous parler de la belle route qui
facilite, ainsi que la navigation, ses rapports avec Nantes,
Angers, Saumur, etc. Oui, Messieurs, la position d'Ancenis me semble si éminemment avantageuse pour un
dépôt de remontes, que je ne puis assez m'étonner qu'on
ne lui ait déjà obtenu cet établissement, qui serait fort bien
placé dans la belle caserne qu'on y voit, et que la ville
ne se refuserait sans doute pas à approprier à cet usage.

Si, comme nous venons de le dire, Messieurs, les
dépôts d'étalons ont l'avantage d'augmenter l'énergie des
races communes, et de nous procurer quelques beaux
produits, les prix des courses sont une récompense pour
ceux qui secondent le zèle de l'administration. Ces prix ont
encore l'avantage de stimuler l'amour-propre des amateurs, et d'éprouver le degré d'énergie des animaux les plus
distingués ; et ces animaux sont ordinairement de *pur
sang*. Remarquons, en passant, que *pur sang* veut dire
ici *pur sang arabe, oriental,* seules souches, seules
origines de la race anglaise, dans laquelle nous prenons
maintenant nos étalons, et que les Anglais n'ont laissé
croiser avec aucune autre race.

Dans notre département, moins qu'ailleurs , ces beaux produits peuvent rester long-temps aux mains des éleveurs ; mais, dans les villes riches, les amateurs font les frais de l'entraînement, et jouissent des succès de leurs chevaux d'adoption. Voilà les raisons qui m'ont déterminé à seconder le désir des Nantais et à surmonter les obstacles qu'on a opposés à l'établissement des Cour- à Nantes. D'ailleurs, c'est la capitale de la Bretagne ; et, malgré le dépérissement de son commerce , notre ville a encore conservé quelque aisance et le goût du faste ; elle est, en outre , fort rapprochée des riches éleveurs bretons , qui aiment naturellement les courses dont le spectacle a pour eux beaucoup d'attrait. D'un autre côté , j'étais certain qu'Angers , où se développait avec vivacité la passion des beaux chevaux , aurait bientôt obtenu la même faveur, d'autant que cette passion était stimulée par M. Bay , dernier directeur du dépôt d'Angers , homme habile et dévoué à son art, qui savait inspirer son enthousiasme à ceux qui l'écoutaient, leur donner de bons préceptes et les faire suivre , homme qui a rendu de grands services aux haras, et dont nous avons malheureusement à déplorer la perte.

Ayant autant contribué à l'établissement de nos Courses , j'ai cru devoir réclamer contre une décision qui nous prive du prix de mille francs, destiné aux poulains de deux à trois ans, nés dans le département, au moment où nous allions en avoir quelques-uns capables de le disputer ; mais, quoiqu'on m'objectât qu'Angers , d'où on venait d'envoyer chercher quinze juments de *pur sang* en Angleterre, le méritait plus que nous, je n'ai pas demandé qu'on nous le restituât à ses dépens ; je me suis seulement plaint qu'on établit entre les deux départements une comparaison inutile. Angers mérite, sans doute, cet encouragement, quoique le département de Maine-et-Loire soit moins convenable que le nôtre à l'élève des chevaux ; mais j'ai cru pouvoir affirmer que nous méritions aussi cette faveur, dont la privation pouvait jeter quelque découragement parmi nos éleveurs, puisqu'ils devaient y compter.

J'ai affirmé tous les faits dont je viens de vous rendre compte : je les soumets à votre investigation ; et, après les avoir bien examinés, je vous prie, Messieurs, de les revêtir de votre approbation, si, comme j'en suis persuadé, vous en reconnaissez l'exacte vérité.

————

Maintenant se présente la grande et importante question.

Est-il de l'intérêt et de l'honneur national de créer une race française ?

Vous penserez, sans doute, comme moi, Messieurs, que cette double question ne peut être résolue qu'affirmativement. — En effet, n'est-il pas de notre intérêt d'avoir toujours sous la main, en paix comme en guerre, les producteurs nécessaires pour améliorer les races communes indigènes, pour en élever la taille, pour leur donner l'énergie nécessaire, afin de supporter un travail assidu et de longues fatigues, sans être exposé à aller chercher ces producteurs à l'étranger, à les payer très-cher, et même à en manquer ?

En second lieu, l'orgueil national ne souffre-t-il pas d'entendre constamment répéter que les meilleurs chevaux de l'Europe viennent maintenant d'un pays voisin de la France, dont les races étaient anciennement inférieures à toutes les autres, ce qui est si vrai qu'on a été obligé de les détruire, ne pouvant les régénérer?

Ces deux points résolus par l'affirmative, nous avons à examiner de quels éléments nous devons composer cette race française, afin qu'elle soit la meilleure possible, et qu'elle satisfasse à tous nos besoins, dans l'état actuel de notre civilisation.

Il faut que les chevaux soient vites, robustes, infatigables, par suite, doués de la plus grande énergie. — Il faut de plus qu'ils soient grands et bien membrés; car il est nécessaire que, croisés avec nos races indigènes, ils nous donnent des chevaux de grosse cavalerie, de charrois militaires, de carrosse, de poste, de diligence, etc.

Les Anglais ont réussi dans une entreprise à peu près semblable; et leurs chevaux ont acquis une grande réputation. Sans vouloir les imiter servilement, profitons de leur expérience.

Ils ont proscrit leur race abâtardie, et ils ont été chercher les étalons et les juments de leur nouvelle race dans les pays où les chevaux ont le plus d'énergie, en Barbarie, en Perse et en Arabie. Ils ont apporté le plus grand soin à conserver bien pures ces races presque identiques, et à ne pas les croiser avec les races vulgaires, qu'ils formaient en même temps au moyen de juments importées du Holstein, de la Frise, de la Flandre, de la Picardie et de la Normandie. Ils rejetaient, dans ces espèces inférieures, tous les individus défectueux de la race *pur sang*. — Ils ont continué à tirer de nouveaux sujets de l'Orient, et à croiser ces nouveaux venus avec la race *pur sang* déjà aclimatée.

Le climat, une nourriture molle et très-abondante, eurent bientôt élevé la taille de ces races, naturellement petites.

Etudiant avec soin l'effet de leur climat et de cette nourriture, ils s'aperçurent bientôt, avec effroi, que l'énergie de leurs animaux décroissait, tandis que l'élévation de la taille eût exigé le contraire. Ne pouvant attribuer cette anomalie qu'à la tendance lymphatique qu'imprime leur climat, ils ont cherché à la combattre, à la détruire, et à augmenter l'énergie de leurs animaux, par une nourriture très-sèche, très-nutritive et stimulante. Ainsi, ils leur ont donné de grandes quantités de grains dès la naissance; ils y ont mêlé des poudres irritantes, de l'aloès, du gingembre, etc.; ils leur ont fait prendre des liqueurs fortes, astringentes, de la bière, du rhum, etc. C'est avec ce régime factice, trop peu connu, qu'ils ont maintenu, accru l'énergie de leur race. C'est aussi, au moyen des excès de ce régime et par des sur-excitations nerveuses, habilement graduées, qu'ils font faire à leurs chevaux les choses surprenantes qui ont porté au-delà du vrai la réputation de cette excellente race.

Maintenant, la France, placée dans un climat plus heureux que celui de l'Angleterre, pour se former une race pur sang, doit-elle aller chercher ses producteurs dans une race préservée avec tant de soin, et dans laquelle, à côté du principe de l'énergie, se trouve le germe du vice lymphatique, dû à l'influence du climat humide de l'Angleterre ? Je ne le pense pas. Je le crois d'autant moins, que je suis convaincu que nous ne serions pas capables de combattre ce vice avec autant de persévérance et de soins que nos voisins. En effet, chaque jockey anglais est une espèce de vétérinaire, disons mieux, de charlatan, initié aux symptômes qu'il faut deviner, prévenir et combattre ; connaissant les recettes mystérieuses qu'il faut employer, examinant sans cesse son cheval, et lui appliquant sans cesse toute sorte de topiques. Pour l'Anglais, le cheval est une machine, capable de telle vitesse, dont il espère profit et honneur. Il s'en occupe constamment, la lubréfie, tend ses ressorts, etc., etc. Nous autres, nous aimons notre cheval pour ses bonnes qualités, son intelligence, son attachement à son maître, en un mot pour lui. Pour l'Arabe, c'est un ami dont il ne peut se passer. Pour l'Anglais, je le répète, c'est une machine perfectionnée.

N'allez pas croire, Messieurs, que je mésestime la race anglaise ; j'en fais, au contraire, le plus grand cas ; et, si je n'en veux pas comme origine de la race française, je la crois fort utile dans beaucoup de nos localités, pour produire des chevaux grands, brillants, ayant du fond, et comme capables d'augmenter l'énergie de beaucoup de nos races communes ; mais, avec l'étalon, achetez le jockey lymphatique comme lui , et se droguant comme son cheval. D'ailleurs, pour les chevaux de service, ce vice est moins à craindre ; un travail journalier pas trop forcé, une bonne nourriture, bien appropriée tendent à le détruire, au moins à diminuer ses inconvénients ; il n'en est pas de même pour le reproducteur.

Le vice lymphathique développe les chairs, les ramollit et détruit l'énergie. Le cheval devient capable d'un autre service, plus lent, moins fatigant, et il perd en rapidité , en sobriété , en courage. Les chevaux du désert d'Angad, près de Tlemecen, sont, jusqu'ici, les meilleurs de la régence d'Alger. Eh bien! A peine naturalisés dans le bassin du Chéliff, ils gagnent en taille et perdent en valeur. Il en est de même des chevaux arabes des meilleures races du désert qu'on introduit dans le bassin du Tigre et de l'Euphrate. Ces mêmes chevaux arabes , menés dans les gras et froids pâturages du Curdistan et des Turcomans de l'Asie mineure , perdent aussi une partie de leur énergie et de leurs qualités ; les uns prennent le caractère de cheval de montagne: ils ont un avant-main brillant mais chargé, nous les connaissons sous le nom de cheval turc ; les autres, plus également membrés, se chargent encore plus de chairs, et nous les confondons avec certaines races de la Perse. Mené en Moldavie , ce petit cheval arabe devient un grand et magnifique animal, vous connaissez le proverbe de l'Orient : « *Les deux plus belles choses du monde* » *sont un jeune garçon persan et un cheval moldave.* » Et cependant on ne fait pas de cas de ce bel animal.

N'est-il pas suffisamment prouvé, Messieurs, par ces exemples, que le vice lymphatique tend partout à détruire l'énergie et les précieuses qualités du cheval Arabe, et que la pureté de sa race ne paraît se conserver entière que dans son désert. Si l'impatience qui nous est naturelle ne nous permet pas d'attendre l'accroissement que doit prendre cette race conservée pure en France; d'étudier, ainsi que l'ont fait les Anglais, les moyens d'empêcher, le plus possible, sa dégénérescence; et, puisqu'il nous faut tout de suite de grands chevaux, nous devons rechercher s'il n'est pas quelque pays où cette race arabe ait grandi, sans perdre aucune de ses belles qualités. Eh! bien, Messieurs, sir John Malcolm, Anglais, grand admirateur de la race anglaise, nous assure que ce pays existe; il dit que c'est la Turcomanie, située entre la mer Caspienne et le lac ou mer d'Aral, et le Korassan, province de Perse qui le joint. Voici ce qu'il dit de la race turcomane, à la page 347 du tome 3 de la traduction française de son *Histoire de Perse* :

« Le cheval turcoman est un animal superbe ; il a ordi-
» nairement quinze ou seize palmes de haut (plus de 5
» pieds), il est d'origine arabe; mais le croisement avec
» les chevaux du pays a amélioré cette race, et lui a donné
» plus de taille et de force. Il n'y a pas probablement de che-
» vaux au monde qui supportent mieux la fatigue. On m'a
» assuré, et j'ai pris beaucoup de renseignements sur ce
» fait, que ces partis de turcomans qui venaient faire
» en Perse des courses de plusieurs centaines de milles ,
» parcouraient quelquefois, dans ces expéditions, jusqu'à

» cent milles par jour (plus de 45 lieues). Ils dressent
» leurs chevaux pour ces entreprises, et l'expression dont
» ils se servent pour décrire un cheval en état de faire
» un *chapow* (on peut traduire ce mot par celui de *pil-*
» *lage*) est que *sa chair est de marbre.* »

Cette expression prouve suffisamment que cette race
n'est pas entachée du vice lymphatique.

Du reste, sa réputation est aussi ancienne que nos tra-
ditions; car chacun sait que les chevaux du Soleil
étaient nourris sur les bords de l'Oxus.

La grande réputation de cette race turcomane a été
étendue à toutes les races de la Perse; et, dans ce pays,
il en existe une multitude, de toutes tailles et de toutes
valeurs. La race arabe paraît y exister pure dans le Fars,
province persanne située sur le golfe Persique; mais ces
chevaux ont quatre pieds, quatre pieds deux, trois ou
quatre pouces au plus. Elle existe encore pure dans
l'Irac (ancien nom de la Perse); mais elle y a pris de la
taille et probablement le vice lymphatique; car voilà tout
de suite l'adage qui vient en témoigner: «Un cheval *arabe*,
quoique blessé, fait face au danger, et l'*Irany* s'efforce
toujours de l'éviter. » Nous avons déjà parlé du cheval
arabe transporté dans la vallée de l'Euphrate: c'est de
Bagdad que les Anglais tirent les chevaux arabes qu'ils
transportent dans l'Inde; ils les paient de cinq à quinze
guinées au plus!

Morier, et Scott-Waring, autres Anglais, attestent tous
ces faits; et, après avoir corroboré ce que dit sir John
Malcolm, de la race Turcomane, ils énumèrent un très-

grand nombre de races arabes et persannes, tandis que nous ne parlons que d'une race persanne; néanmoins, nous ne connaissons guère, sous ce nom, que la race kurde, ou celle de l'Irac; et cet empire est quatre fois plus grand que la France. Il est une race, cependant, qui mérite ce nom : c'est une nouvelle croisure de la race turcomane déjà, suivant Malcolm, d'origine arabe, avec cette même race arabe. Ses bonnes qualités et son aimable caractère lui ont fait donner le nom générique de *Khanéh-Zadeh*, ou *fils de la maison;* et le possesseur est tellement attaché à ses chevaux, qu'il ne veut pas s'en défaire, et qu'il leur donne jusqu'à son nom.

M. A. Burnes vient encore de corroborer tous ces éloges du cheval turcoman dans ses voyages faits pendant les années 1831, 1832 et 1833. Il dit, page 211 et suivantes de la traduction de M. Eyriès.

« Le cheval turcoman est un animal grand et ro-
» buste..... des renseignements authentiques m'appren-
» nent que ces animaux parcourent une distance de 600
» milles en sept et même en six jours (plus de 45 lieues
» par jour).... Les historiens d'Alexandre nous appren-
» nent que les pays traversés par l'Oxus étaient
» célèbres pour leurs chevaux. »

Le chevalier Gamba, notre consul à Tifflis, parle dans les mêmes termes que M. Malcolm, de la race turcomane, qu'il a vue à Bakou. Le prix de chaque cheval n'y serait, dit-on, que de 1,000 fr. Mais M. Malcolm dit qu'il faudrait quelque fois aller jusqu'à 2,500 fr. (cent liv. sterling), et Burnes dit qu'il coûtrait de 1500 à 3000 fr.

De Bakou, il serait facile de leur faire traverser la Géorgie et la Mingrelie, et de les embarquer, du **Phase** pour la France. Ces provinces étaient persannes : elles sont maintenant sous la domination russe, et les **Russes** ne laissent pas sortir de chevaux de leur vaste empire ; tandis que la Perse encourage ce commerce. C'est donc à Esterabad, dernière ville persanne du Korassan, du côté de la Turcomanie, qu'il faudrait les faire acheter. De là, on les dirigerait presque sans frais, par le Mazanderan, sur Van, Arz-Roum, Baibout et Trébisonde, où ils s'embarqueraient pour la France.

Ne sommes-nous pas en droit, Messieurs, de conclure que, pour former une bonne race française, il faut, comme les Persans, croiser la race turcomane avec la race arabe, afin d'avoir aussi nous des *fils de la maison* ;— et qu'au milieu de ce dédale de races, pour ne pas être induit en erreur, il faut envoyer un homme jeune, habile, entreprenant, passionné pour son art et pour le bien de son pays, instruit et probe ; — que c'est à Estérabad qu'il doit s'établir. — C'est là qu'on lui fournira les moyens de se créer de bonnes relations dans tous les pays environnants, en lui recommandant d'employer une année entière à se reconnaître, à étudier les hommes et les choses, avant de parler du but de sa mission et d'acheter. Il faudra encore lui prescrire d'acquérir des notions exactes sur les chevaux du Turkestan, pays situé à quelques centaines de lieues au Nord-Est de la Turcomanie. Ce pays joint le Kokan, espèce d'Oasis situé au milieu du plateau de l'Asie, où existent, dit-on, ces fameux *arga-*

macks, chevaux sans poils, qui suent le sang, supérieurs à tous les **autres**, mais qu'on ne connaît que par des récits presque fabuleux.

Messieurs, pour former une race française, nous aurons bien des précautions à prendre outre celles déjà indiquées, si nous voulons obtenir le complet développement de toutes les facultés de ces précieux animaux : on devra les changer au moins deux fois par an de lieu d'habitation, afin de varier la nature de leurs aliments, des herbes et grains qui les composent ; ces déplacements les préserveront, en outre, de contracter les vices et les mauvaises habitudes inhérentes aux localités. Le cheval poitevin, qui reste dans ses pâturages, se déforme, devient méchant et fort difficile à dompter ; s'il va dans différents cantons de la Normandie, il devient doux, il prend du corps, sa corne se consolide, et il acquiert une grande valeur ; celui qui naît et vieillit dans la plaine d'Alençon, devient myope et rétif.

Pour préparer nos races indigènes à recevoir avec fruit la grande amélioration que doit produire la race française, il faudrait que l'administration provoquât d'abord le réglement de police dont j'ai parlé en commençant, qui ordonnerait la castration de tous les difformes petits étalons qui vaguent dans nos campagnes ; mais il faudrait aussi qu'elle nous envoyât en même temps un nombre suffisant d'étalons, bien appropriés aux besoins des localités et qu'elle rendît la *serte* gratuite. Ainsi, pour Châteaubriant, Blain, Pontchâteau, Savenay, nous aurions besoin qu'on nous donnât de petits étalons arabes, barbes ou navarins, de 4 à 6 pouces au plus, bien membrés, avec un grand développement de poitrine et de bonnes épaules, et non comme presque tous ceux que j'ai vus jusqu'ici dans nos dépôts d'étalons. Pour Couëron et Saint-Julien, il faudrait des étalons de ces mêmes races, d'un ou deux pouces de plus. Pour Machecoul et la Vallée de la Loire, il faudrait des étalons anglais de dix pouces; car on sait que les chevaux d'énergie font plus grand qu'eux. En prenant ces mesures, d'ici à peu d'années on apercevrait des améliorations sensibles dans nos races indigènes, qui les disposeraient aux améliorations bien plus considérables, que produirait notre race française.

Lorsque les premiers producteurs de cette race arriveraient, on les distribuerait dans des haras établis à l'avance, et dont le choix serait de la plus grande importance; leur filiation serait bien établie, on la constaterait avec soin, et on en rejeterait impitoyablement tous les individus défectueux. Quand elle se serait suffisamment multipliée, on étudierait, dans d'autres haras, à cela destinés, ses croisements avec nos diverses races; et, dans nos dépôts d'étalons, on substituerait, aux producteurs actuels, peu à peu et avec discernement les produits purs et croisés précédemment obtenus.

Un pareil système, suivi avec soin et persévérance pendant quinze ou vingt ans, créerait pour la France une branche de commerce qui serait alors pour elle une source de richesse. Pour obtenir un résultat aussi avantageux, il faudrait, pendant dix ans, augmenter de deux millions et demi la dépense de nos haras; il faut en outre

beaucoup d'intelligence, beaucoup de soins et de persévérance !

Si nous voulons exprimer en chiffres la partie des richesses de la France que représentent ses trois millions
de chevaux , nous évaluerons chacun d'eux au prix moyen
de 400 fr., et nous aurons un capital de 1,200,000,000 fr.

Supposant que la vie moyenne du cheval soit de 15
ans, il faut 200,000 poulains pour entretenir les trois
millions toujours au complet , et si nous voulons pouvoir
en exporter 30,000 , il faut faire procréer chaque année
230,000 poulains. Pour les avoir, il est nécessaire de
présenter chaque année 250,000 juments à la fécondation.

Or, pour féconder 250,000 juments, il faut 5000 étalons, et supposer que chaque étalon en féconde 50, ce qui
aura lieu, si les individus employés à la reproduction
sont convenablement soignés et de l'âge de deux à cinq
ou six ans au plus, époque de la vie où ils donneront les
meilleures productions.

Pour former ce nombre de 5000 étalons, je complète,
pour le gouvernement, le nombre de 2000 étalons ; j'en
mets un pareil nombre à la charge des départements
producteurs de cette branche d'industrie , en faisant con-
tribuer le gouvernement pour moitié aux frais de leur
acquisition et de leur entretien. Enfin , j'en approuve
1000 chez les particuliers.

Maintenant, j'évalue à 100 fr. la moyenne de l'aug-

mentation de valeur de chacune des productions de
ces étalons énergiques et de choix, sur celles qu'on ob-
tient maintenant de tant d'étalons communs, difformes,
petits, etc.; d'après cette évaluation, nos 230,000 poulains augmenteront chaque année notre capital de 2,300,000
fr.; et, pendant les quinze ans nécessaires pour le renouvellement complet et la première amélioration de la masse
entière, nous aurons une augmentation de 34,500,000 fr.

Et nous devons compter sur une augmention encore
plus considérable pendant un second, un troisième et
un quatrième renouvellement de la masse (après cette
quatrième amélioration il est à présumer qu'on aura atteint un haut degré de perfection); ainsi, dans soixante
ans, on aura doublé la valeur de cette source de prospé-
rité de la France. Et cependant nous ne faisons pas entrer en ligne de compte l'avantage qui résulterait de
l'exportation de 30,000 chevaux chaque année, tandis
que, maintenant, nous sommes tributaires de l'étranger
pour 7,500,000 fr. pour les 15,000 mauvais chevaux que
nous tirons actuellement du nord de l'Allemagne, pendant
chaque année de paix; et la guerre arrivant, le tribut
double, il peut même tripler; encore est-on heureux de
pouvoir le payer et d'obtenir les chevaux nécessaires.
— Tandis que, dans notre système, on s'affranchit avec
un profit considérable de cette honteuse sujestion de
l'étranger.

Voici maintenant l'aperçu du budget des haras, avec

l'augmentation pendant dix ans des deux millions et demi que nous demandons; ce qui le porte, pendant ce laps de temps, à 4,500,000.

BUDGET POUR 1839.

2,000 Étalons dans les dépôts du gouvernement, à 800 fr. chaque pour nourriture et toute espèce de frais. . . . .   1,600,000 fr.

Nota. **D'après M. Delespinals, inspecteur-général des haras, la nourriture et l'entretien de chaque étalon, y compris toutes les dépenses accessoires, même les traitements des inspecteurs-généraux, s'élève à 823 fr. 42. Et comme l'augmentation de 750 étalons que je propose n'exige pas qu'on augmente le nombre des officiers, je réduis la dépense de chacun de 23 fr. 42, pour en former le nombre rond de 800 fr.**

2,000 Étalons départementaux. (Je mets la moitié de cette dépense à la charge de l'Etat et laisse l'autre à la charge de la localité qui en profite plus directement. Le département de la Seine et quelques autres viennent de prendre une semblable dépense entièrement à leur charge.) — Pour moitié 400 fr., ci.   800,000

A REPORTER. . .   2,400,000 fr.

Report. . . . . 2,400,000 fr.

Pour l'acquisition des 750 étalons nécessaires pour compléter les deux mille
du gouvernement, je ne porte que 1,200 fr.
prix moyen ; parce que, pour améliorer la
masse commune qui est petite, il faut de
petits étalons, je n'en voudrais aucun au-
dessus de quatre pieds six pouces.

Je pense que les étalons des localités
doivent être inférieurs à ceux du gouvernement, et je ne les porte qu'à 1,000 fr.
dont moitié pour la localité.

Je suppose toujours les uns et les autres
de races et conformations énergiques,
sans quoi je n'admets pas d'amélioration.

Ainsi, 750 Étalons pour les dépôts du
gouvernement à 1,200 fr. 900,000

2,000 Étalons départementaux à 1,000
francs. Pour la moitié 500. 1,000,000

Encouragements, frais et prix de cour-
ses. 200,000

Total. . . . 4,500,000 fr.

La serte devra être gratuite, si ce n'est celle de quelques étalons de pur sang extrêmement distingués , qu'on
se disputerait trop et qu'on pourra porter à très-haut prix.

Pour obtenir des poulains, outre l'exercice et les bons
soins à donner à l'étalon, je pense qu'il faut faire couvrir
trois fois dans le même jour chaque jument après s'être

assuré à l'avance de son état ; la personne chargée de cette vérification devra être exercée et judicieuse.

Pour avoir de bons produits, et si l'on veut qu'ils soient certains, les étalons devront être jeunes, ainsi que les juments. Les stations seront fort rapprochées les unes des autres.

Les années qui suivront. — Sur les 1,900,000 fr. affectés pendant la première à l'acquisition des 2,750 étalons nouveaux, on prendra de quoi pourvoir au remplacement des étalons réformés pendant l'année, et on présentera aux chambres les devis des transformations de ceux des dépôts d'étalons susceptibles d'être transformés en haras. Puis, dans deux ans, on commencera les acquisitions des juments et chevaux Arabes, Barbes, et Turcomans des bonnes races de ces divers pays.

Et on ne cessera d'acheter pour l'entretien de nos dépôts d'étalons, des sujets bien conformés, que lorsque nos haras pourront y suppléer ; ce qui doit avoir lieu avant dix ans. Bientôt après, nos haras produiront, au lieu de coûter. Tandis que, dans le système actuel, ils seront toujours une charge utile.

NOTE SE RAPPORTANT A LA PAGE **15.**

Extrait de la lettre écrite par lord Ellenborough, ministre des affaires étrangères de S. M. le roi d'Angleterre à Rundjet-Sing, souverain de Seiks à Lahor :

« Le Roi, sachant que Votre Altesse possède les plus beaux che-
» vaux des races les plus renommées de l'Asie, a pensé qu'il pour-
» rait être agréable à Votre Altesse d'être possesseur de quelques
» chevaux de la race la plus remarquable de l'Europe ; et, souhai-
» tant de satisfaire Votre Altesse sur ce point, il m'a commandé de
» choisir pour Votre Altesse quelques chevaux de la race gigan-
» tesque qui est particulière à l'Angleterre.

» *Signé* ELLENBOROUGH. »

Par le commandement du Roi.

RAPPORT

FAIT

A LA SOCIÉTÉ ACADÉMIQUE DE NANTES,

DANS SA SÉANCE DU 2 MAI 1858,

SUR

UN MÉMOIRE DE M. ROBINEAU DE BOUGON,

RELATIF A L'AMÉLIORATION ET A LA PROPAGATION

DES CHEVAUX EN FRANCE,

ET PLUS SPÉCIALEMENT DANS LE DÉPARTEMENT DE LA LOIRE-INFÉRIEURE.

Un mémoire fort remarquable sur l'amélioration de la race chevaline en France, et spécialement dans le département de la Loire-Inférieure, lu à la dernière séance de la Société Académique de Nantes, par M. Robineau de Bougon, a, par son importance, fixé l'attention de cette Société. Une commission ayant été chargée d'en faire l'examen, c'est en son nom que je viens demander une adhésion complète aux deux premières propositions de l'auteur, plus particulièrement applicables à ce département. Quant à la troisième partie du mémoire, l'intérêt général qu'elle présente doit engager la Société Académique à la transmettre à M. le Ministre des travaux publics et du commerce, avec invitation de faire soumettre à une étude sérieuse les vues exposées par M. de Robineau pour arriver à la création d'une race française, et user préalablement des moyens tendant à opérer une amélioration réclamée de toutes parts.

Ce rapport se composera de quatre parties distinctes :

1.º De l'établissement d'une succursale de remontes , dans le département de la Loire-Inférieure ;

2.º Du rétablissement du prix de 1000 fr. aux courses de Nantes ;

3.º De la création d'une race française ;

4.º Des moyens d'amélioration transitoires et immédiats.

Avant d'entrer en matière, il est convenable de rappeler que, sur le même sujet, en 1829, M. de Robineau a écrit un mémoire auquel la Société Académique a donné son approbation, en en ordonnant la publication et l'envoi aux Ministres de l'intérieur et de la guerre (1); de sorte qu'elle n'est appelée qu'à confirmer une décision antérieure.

------

(1) Séance du 2 juillet 1829. — Voir le 14.º volume du *Lycée Armoricain* , page 136 et suivantes.

I.

DE L'ÉTABLISSEMENT D'UNE SUCCURSALE DE REMONTES DANS LE DÉPARTEMENT DE LA LOIRE-INFÉRIEURE.

On sait que le service de la remonte générale de l'armée française comprend 6 dépôts, à Caen, Guingamp, Villers, S.ᵗ-Maixent, Gueret et Auch; et 8 succursales, à S.ᵗ-Lô, Alençon, Le Bec, Morlaix, S.ᵗ-Jean d'Angely, Aurillac, Tarbes et Castres.

M. le ministre de la guerre a manifesté l'intention de former une nouvelle succursale dans l'Ouest. Aussitôt Angers, qui ressort du dépôt de Caen et des succursales de S.ᵗ-Lô, Alençon et Le Bec, a réclamé l'avantage de ce nouvel établissement. Le département de la Loire-Inférieure, dépendant de la double circonscription des dépôts de Guingamp et de S.ᵗ-Maixent, n'a pas, selon M. de Robineau, de moindres droits à cette faveur. Pour le prouver sans réplique, il commence par présenter une description de ce département, riche en hautes et en basses prairies, en prés de desséchement, en vallées de grandes étendues, en vastes landes, montrant ainsi quel développement peut y recevoir l'élève des chevaux avec des encouragements réfléchis. Il accompagne cette description d'observations que nous allons analyser rapidement, parce que, sans aucun doute, son *mémoire* prendra place dans les *Annales de la Société Académique*, où s'empresseront de le consulter tous ceux qui se livrent à l'étude de la question qui nous occupe. A cette analyse, nous joindrons quelques recherches destinées à appuyer les assertions de **M. de Robineau.**

Le département de la Loire-Inférieure possède de 20 à 25,000 chevaux. Un recensement fait en 1825, sur la demande même du ministre de la guerre, a donné pour résultat :

Arrondissements de Nantes :	3,637	chevaux et	3,830	juments
— de Savenay :	4,937	—	4,780	
— de Châteaub.ᵗ :	2,884	—	1,872	
— d'Ancenis :	900	—	752	
— de Paimbœuf :	707	—	696	

Soit pour le département : 13,065 chevaux et 11,930 juments, formant un total de 24,995.

En 1834, le recensement officiel de la population chevaline de la Loire-Inférieure s'est élevé à 25,095.

Dans ce chiffre, il est vrai, on ne compte qu'environ 2,000 animaux dépassant le minimum de la taille exigée pour les remontes. Du moins est-il certain qu'un nombre considérable de juments (**M. de Robineau** en compte 5,000) sont chaque année employée à la reproduction d'une espèce utile, à laquelle il ne manque généralement qu'un peu plus de taille, qu'elle acquerrait par la stimulation d'un dépôt de remontes et par quelques encouragements spéciaux que nous nous permettrons d'indiquer dans la 4.ᵉ partie de ce rapport.

D'autre part, une amélioration notable serait rapidement obtenue, si, à la succursale de remontes, on joignait un haras départemental, dont les étalons, avec la saillie gratuite, demandée par **M. de Robineau**, et suivant une proposition antérieurement développée par M. Paquer, seraient disséminés en raison des besoins des localités.

Cette observation suffit pour attester les inconvénients graves qui résultent de placer les encouragements pour l'élève des chevaux dans deux ministères différents, inconvénients que j'ai essayé de prouver ailleurs (1).

Dans la dernière partie de ce rapport, les encouragements considérables donnés par les États de Bretagne, pour l'élève des chevaux, seront minutieusement énumérés; mais il n'est pas inutile de rappeler ici qu'en 1770, époque d'une amélioration réelle dans la race bretonne, les haras étaient dans les attributions du ministre de la guerre, c'est-à-dire dirigés par le ministre qui a seul un intérêt direct à la production dans le véritable intérêt national, en même temps que dans l'intérêt individuel; car le cheval propre aux remontes pour les diverses armes est également propre à tous les usages (2).

---

(1) *Des remontes de la cavalerie et des haras militaires.* — Brochure in.-8.º, 1837.

(2) « Le plus fort consommateur en chevaux, le Ministre de la Guerre, dont les besoins en ce genre ne sont que ceux de l'Etat, ne peut s'immiscer dans les mesures qui doivent tendre au rétablissement des bonnes races, et les Ministres de l'Intérieur et des Travaux publics, bien qu'étrangers à cette partie, les ont toujours eues dans leurs attributions, où elles ne devraient peut-être figurer que sous les rapports d'encouragements à donner à l'industrie agricole. » (*Des Haras et des Remontes Militaires*, par M. de P.)

« Dans un rapport au Roi, en 1831, M. le maréchal Soult a

Chaque année aux chambres, l'insuffisance des étalons royaux pour la propagation des chevaux de troupes est signalée. Ainsi, dans son rapport sur le budget de 1839, chap. *Haras*, M. Vuitry, comme citant *un fait digne de*

---

positivement accusé l'administration des haras d'avoir méconnu le mandat important que l'Etat lui a confié ; il a signalé avec conviction et énergie l'insuffisance de son action , la nullité de ses résultats , malgré les sommes considérables que le gouvernement a constamment mises à sa disposition. » (*Journal des Haras* de 1831.)

Voici les expressions de M. le maréchal Soult dans le rapport cité :

« La révolution, en divisant les fortunes , l'empire en faisant une énorme consommation de cavalerie, l'industrie en multipliant les voitures publiques , ont concouru à diminuer, pour ne pas dire à faire passer en France l'usage des chevaux de selle. Avec l'usage s'en perdit le goût , et avec le goût l'intérêt d'en élever. — Aussi exista-t-il un moment où l'on put croire que les races manqueraient à leur reproduction. — Depuis, et malgré la paix, l'administration des haras, soit qu'elle n'eût pas suffisamment le but de régénérer et propager les races propres à la guerre , soit qu'elle ne possédât pas, dans son organisation et dans l'étendue des ressources mises à sa disposition, le moyen d'atteindre ce but , n'a obtenu, sous ce rapport , que de faibles résultats. La preuve évidente , c'est qu'aujourd'hui nous sommes forcés de faire acheter à l'étranger les éléments nécessaires pour porter notre cavalerie à une force qui devrait être celle d'un pied de paix sagement calculé.

» Il appartenait au Ministre de la guerre , resté presque le seul consommateur de chevaux de selle , d'exercer une active et salutaire influence sur la reproduction et l'amélioration de cette espèce de chevaux. Ce département en avait dans la remonte un

remarque, s'est exprimé ainsi : « Les haras ont assurément pour mission d'aider notre cavalerie à pourvoir à ses besoins, et cependant on entend tous les jours l'administration des remontes militaires se plaindre qu'elle ne trouve pas plus aisément que par le passé les chevaux convenables au service de l'armée. Il y a plus : cette administration tend à avoir des étalons dans ses dépôts (avec la saillie gratuite) ; elle croit *qu'elle pourra travailler plus efficacement que l'administration des haras à la production suivant ses vues.* Sans doute il est juste de remarquer que, tant que les tarifs de l'administration

---

moyen efficace. — Les dépôts de remontes, successivement étendus à toutes les parties de la France où ils seront utiles, pourront, par la suite, faire double emploi avec les dépôts d'étalons. Ceux-ci n'ont-ils pas pour mission d'assurer la reproduction de toutes les espèces indistinctement, comme celui des dépôts de remontes est de procurer des chevaux propres à la cavalerie, à l'artillerie et aux équipages ? — Les agents des dépôts d'étalons et ceux des dépôts de remontes doivent également, en effet, parcourir le pays et se mettre en rapport avec les éleveurs, les uns pour faire produire, les autres pour acheter. — Ainsi les fonctions de l'administration productrice et celle de l'administration qui consomme, peuvent se trouver tellement rapprochées qu'elles paraissent presque se confondre, et que, d'un rapport aussi intime à une complète réunion il n'y ait plus qu'une transition aussi facile qu'avantageuse.

» On ne peut disconvenir qu'on trouverait, à la réunion des deux administrations en une seule, sous le titre complexe *d'administration des haras et des remontes,* à la fois simplification et économie. »

de la guerre resteront trop bas, les officiers de remontes ne pourront choisir qu'après le commerce qui paie plus cher; mais cependant ne faut-il pas conclure, de plaintes si souvent répétées, que l'administration des haras laisse quelque chose à désirer ? » (1).

En effet, quand on voit quels étalons royaux sont envoyés dans les stations de la Loire-Inférieure, on se demande quelles productions peuvent en résulter pour les remontes, eu égard aux animaux de chaque canton.

Dans le canton de Machecoul, on trouve des chevaux convenables pour la cavalerie de réserve, assez beaux pour être vendus comme normands, et figurant, à ce titre, à plus d'un brillant équipage dont les propriétaires croient être traînés par des provenances de la plaine de Caen (2). La cavalerie légère peut se monter dans les environs de Nantes, et particulièrement dans les prairies de Couëron jusqu'au-delà de Cordemais, avec des chevaux qui ne sont pas sans distinction. L'arrondissement rural de Nantes en comprend plus de 1,000 dépassant la taille de quatre pieds six pouces. Pour la même arme, les arrondissements de Savenay et de Châteaubriant nourrissent, dans leurs landes, des animaux d'une sobriété et d'une haleine à toute épreuve, n'ayant d'autre défaut que leur petite taille, qu'il faudrait élever progressivement par des accouplements appropriés.

---

(1) Voir les notes des pages 89 et 90, 96 et 97.

(2) M. le lieutenant-général de la Roche Aymon a signalé les environs de Machecoul comme pouvant fournir des chevaux aux cuirassiers.

Lorsque le duc de Bourbon passa par Nantes dans le mois d'août 1815, il fut escorté de Mauves à Angers par 200 paysans des communes insurgées de nos environs, qui, montés sur de petits chevaux de landes et arrivés de divers points assez éloignés, suivirent sa voiture, au train de poste jusqu'aux portes d'Angers, c'est-à-dire, firent 20 lieues sans mettre pied à terre et sans autre repos que celui du temps employé aux changements d'attelages de la voiture à chaque relai. — Qu'un seul cheval (comme celui de M. Duchaffault en 1837) remplisse une course semblable, on le conçoit, et cependant on s'en étonne, et l'on en admire la vigueur; mais que 200 petits chevaux maigres et chétifs fournissent un trajet aussi rapide et aussi fatigant, c'est assurément un résultat remarquable, qui témoigne en faveur de nos races locales.

Il n'est pas rare de voir nos petits chevaux de ferme, montés ou attelés, venir de dix ou douze lieues, le samedi matin à Nantes, et retourner le soir à la ferme sans trop de fatigue (1).

---

(1) Cent fois, sur une route de Bretagne aux abords de Nantes, j'ai eu l'occasion d'examiner ces petits animaux, et à chaque fois je me suis étonné de leur vigueur.

Tantôt un seul petit cheval de lande précédait en arbalète un couple de jeunes bœufs; tantôt de trois petits chevaux bien maigres, à la tête carrée, à l'œil ardent, aux jambes sèches et nerveuses, avec le simple collier de jonc et les traits de corde, étaient rangés de front devant un quatrième petit cheval de même race, renfermé dans le brancard d'une pesante charrette. Ce

La belle vallée de Saint-Julien, voisine de Nantes, qui semble faite exprès pour l'élève des chevaux, deviendrait, avec quelques encouragements aux agriculteurs, une excellente pépinière pour la cavalerie de ligne, qui

---

dernier, par la place qu'il occupait, me paraissait si faible qu'on devait s'attendre à chaque instant, dans une descente, à le voir succomber sous sa charge. Eh bien! non, il soutenait courageusement son fardeau, tout prêt à mourir à la peine plutôt que de lâcher prise, pendant que ses trois auxiliaires, pour ne pas ajouter au travail du petit limonnier, se laissaient, sans mot dire, battre les jarrets par leurs rustiques palonniers. — J'eus la curiosité de suivre, en 1835, un de ces attelages d'un coteau à l'autre ; la montée était fort rapide, et je fus étonné de la force de ces quatre animaux, si chétifs en apparence. En causant avec le conducteur, j'appris qu'avant le départ, il les avait pris sur la lande, leur lieu ordinaire d'habitation ; qu'à l'arrivée à Nantes il leur donnait à peine quelques poignées de foin jetées auprès de la charrette, et qu'au retour à la ferme il les rendait à la lande, où la nuit les délassait de la fatigue des quinze et vingt lieues d'une rude journée.

Ce conducteur, que j'interrogeais avec un véritable intérêt, me faisant l'aveu de sa participation à la dernière chouannerie (parce que, disait-il, nul n'y songeait plus désormais), m'affirmait qu'envoyé en courrier extraordinaire sur un des petits chevaux de son équipage, il avait fait trente lieues dans quinze heures, et que *sa monture* (ce sont ses expressions) *tricottait encore bien.* — Le cheval, répliquai-je, fut malade, sans doute? — *Ah! ma fine non ; je l'mis se r'poser dans un fossé, où il trouva de l'herbe pendant la nuit ; et je r'vins ensuite tout doucement chez nous, après quoi je jetai ma bête sur le commun.*

On parle beaucoup des peuples de l'Orient, qui ne savent pas aller à pied : on en pourrait dire autant de nos paysans des routes de Bretagne : sur cent qui se rendent à Nantes, quatre-vingt sont

pourrait encore recruter dans l'arrondissement d'Ancenis 150 à 200 animaux de choix (1).

Les faits exposés par M. de Robineau et ceux qui

à cheval, et les femmes surtout semblent ne pas savoir marcher. — Vous les apercevez à califourchon sur un panneau en toile rembourée de paille, les pieds solidement appuyés sur deux étriers en ficelle, les genoux à hauteur du garrot, la bride de corde dans une main; le bâton, en guise de cravache, dans l'autre main; portant au bras le petit pannier de beurre, recouvert d'un linge fin et blanc; la sacoche de toile pour porte-manteau; et, parfois, ayant deux petits panniers de châtaignes de chaque côté du panneau.

Aux jours de foire, le Breton marchand de bœufs vient animer la scène, et nos peintres ont essayé de faire revivre plus d'un tauréador mexicain moins pittoresque. — Son vêtement est brun; il porte plusieurs cordes en sautoir; il est monté sur un de ces petits chevaux infatigables, nourris et élevés dans la lande. Armé d'un long bâton, aidé de son chien-loup, maniant sa monture avec cette inconcevable facilité dont nous allons chercher l'étonnement jusque dans l'Arabie, il conduit seul vingt, trente petits taureaux, lesquels, plus tard, dociles et soumis au joug, seront revendus comme bœufs à la riche Vendée.

Dans ces mêmes jours de foire apparaissent les nombreux convois de marchands de chevaux, à la veste noire et au gilet blanc, aux allures dégagées par leurs habitudes de voyages, conduisant chacun, en laisse, dix, quinze, vingt chevaux bretons, peu distingués peut-être, mais à la marche sûre et franche, et qui feraient envie à nos remontes, si les marchands ne trouvaient plus de profit à les vendre pour les postes, les messageries, le roulage, l'industrie enfin, qui sait se créer des ressources, parce qu'elle paie. Moyen facile pour bien monter notre cavalerie, puisqu'il ne s'agit que de payer pour avoir.

(1) « Le département de la Loire-Inférieure a, dans sa dépendance, des vallons, des coteaux, des communs ou landes; la Loire,

précèdent, ne laissent pas de doute sur les avantages d'une succursale de remontes, établie dans le département de la Loire-Inférieure. Ces avantages sont basés sur les ressources abondantes que ce département renferme en fourrages et en grains à bas prix, ainsi que sur sa situation près les gras pâturages du Poitou qui envoient un nombre considérable de poulains à la Normandie, et à la proximité des éleveurs Bretons, qui fournissent des chevaux si généralement estimés pour les postes, les messageries et les services militaires.

---

par ses nombreuses ramifications, forme beaucoup d'îles et féconde des vallées, des prairies, de vastes marais, qui offrent d'abondantes récoltes en fourrages et de bons pâturages. — La différence de son sol, graduée de la lande au fond gras, produit naturellement la variété dans les formes et dans la taille des animaux qu'on y élève. — Les chevaux de landes, dont le pied est solide, les membres secs, nerveux et rarement tarés, servent le riche fermier et l'indigent qui les retirent de la pâture, où ils vivent toute l'année à la manière des chevaux sauvages; celui-là pour en faire sa monture, celui-ci pour le même usage, ou pour les atteler devant ses vaches, ou pour aider ses bœufs trop débiles. Cette race, sobre comme celles des pays glacés du Nord, qui a fourni des individus d'une haleine et d'une vitesse remarquable, mérite certainement l'attention du gouvernement. Alliée avec des chevaux polonais, asiatiques, africains, de la petite taille et râblés, elle serait susceptible d'acquérir beaucoup de qualités de ces races étrangères, et, de même, que celles-ci, être propre à la cavalerie légère. » (Mémoire *sur l'État actuel des chevaux en France*, par M. Paquer. — Voir aussi le Mémoire publié par le même, dans le 2.ᵉ volume des *Annales de la Société Académique*, sur un mode d'amélioration des chevaux dans le département de la Loire-Inférieure.)

Nous sommes forcément amenés à conclure que la ville d'Ancenis est placée de manière à recevoir cette succursale, lorsque l'on considère la bonne qualité et le bas prix des fourrages que l'on peut s'y procurer, lorsqu'on sait qu'elle renferme un quartier de cavalerie suffisamment spacieux, enfin quand on voit qu'à cette ville aboutissent trois routes par lesquelles elle communique directement, avec la Mayenne par Candé et Pouancé; avec toutes les parties de la Bretagne, par Château-briant, Redon et la Roche-Bernard, ainsi qu'avec le Poitou par les trois routes qui, de différents points de cette ancienne province, viendront s'embrancher dans les précédentes au moyen du nouveau pont. Elle se trouve, en outre, en relations fréquentes et faciles avec Nantes, Angers, Saumur et toutes les villes riveraines de la Loire, par ce fleuve et par la grande route de Paris.

La commission, en priant la Société Académique de transmettre officiellement le mémoire de M. de Robineau à M. le ministre de la guerre, déclare que, placer dans Maine-et-Loire une succursale d'un dépôt de remontes, à l'exclusion du département de la Loire-Inférieure, c'est commettre une injustice envers notre département, en prouvant qu'on ne s'est livré à aucune enquête préalable avant de prendre une semblable décision. — En effet, les établissements pour l'encouragement de l'élève des chevaux dans l'Ouest se composent de quatre dépôts d'étalons, à Angers, Saint-Maixent, Lamballe et Langonnet; de deux dépôts de remontes à Guingamp et Saint-Maixent, avec deux succursales à Morlaix et

Saint-Jean-d'Angely. L'école de cavalerie de Saumur (dans Maine-et-Loire encore) forme un établissement de nature à provoquer le même encouragement.

Ainsi, lorsque les extrémités de l'Ouest sont suffisamment pourvues, le département qui en est le centre, reste complétement délaissé. Cependant, ce département renferme bien réellement la capitale de l'Ouest; car Nantes a droit à ce titre par son influence morale, sa nombreuse population et son importance matérielle.

Tous les priviléges successivement accordés à Angers, dépôt d'étalons, prix complets de courses, voisinage de l'école de cavalerie, bientôt enfin succursale de remontes, sont-ils justifiés par des avantages de localité supérieurs à ceux que rassemble le département de la Loire-Inférieure? Nous ne le pensons pas. Ils sont obtenus (il faut le reconnaître) par l'activité intelligente et persévérante de ses habitants, qui savent mettre en pratique la grande maxime : *Aide-toi, le ciel t'aidera.* — Ils s'aident, ils agissent, et le gouvernement accorde à pleines mains, sans remarquer que l'élève des chevaux dans le département de Maine-et-Loire est provoqué par le goût du cheval chez plusieurs riches propriétaires plutôt que par la nature des terres et leur culture, tandis que, sous ce dernier rapport, l'industrie agricole de notre département est intéressée à la production des chevaux.

L'ordonnance de 1831 sur les remontes vient appuyer notre réclamation. L'article 3 dit que les dépôts seront placés *au centre* des pays qui produisent ou élèvent plus particulièrement des chevaux. Nos droits sont encore accrus par cette considération, que beaucoup de nos poulains sont emmenés en Normandie ; car les dépôts de remontes ont précisément pour but de parer à cet inconvénient en achetant les chevaux avant l'âge où ils sont propres au service militaire. L'avantage est donc évident pour le dépôt, puisque c'est sur le lieu même de la production qu'il fait concurrence aux marchands de la plaine de Caen (1).

Ces considérations, ajoutées aux renseignements statistiques de M. de Robineau, seront appréciés par M. le Ministre de la guerre, et la Commission prie de nouveau la Société Académique d'appuyer, auprès de ce ministre, la demande d'une succursale de remontes à An-

---

(1) « Les deux rives de la Loire (dans le département de la Loire-Inférieure, arrondissement de Nantes, Ancenis et Savenay) nourrissent un grand nombre de juments poulinières de la taille de 4 pieds 6 à 8 pouces, bien membrées, près de terre, ayant l'encolure assez bien contournée, un bon corsage et de la tournure. Issues de juments poitevines et de chevaux bretons, elles tiennent de ces deux races, mais plus de la dernière sous le rapport des formes. — Dans nos marais, qui sont les limites de la Vendée, nos herbagers se livrent à l'élève des chevaux de race poitevine, qui, à 2 ans, aux foires de Saint-Gervais et de la Lande, se vendent entiers à des marchands de Normandie, qui tous les ans, au mois de juin et de juillet, en enlèvent un certain nombre pour les fermiers de la plaine de Caen. Ces animaux y séjournent deux ans, et sont vendus ensuite comme chevaux Normands. (*Notice sur les chevaux Bretons*, adressée par M. Paquer à la Société Royale et Centrale d'Agriculture, en 1830.)

cenis, en insistant sur les avantages qu'offre cette localité, et que nous résumons ainsi :

1.º Possession d'un quartier de cavalerie suffisant pour les chevaux de remontes et leurs cavaliers.

2.º Centre de l'Ouest entre les divers établissements hippiques de l'Anjou, de la Bretagne et de la Vendée.

3.º Excellents pâturages et vert à pied d'œuvre, foin sec et savoureux en abondance, avoine fortifiante, enfin un très-bon abreuvoir sur fond sablonneux.

4.º Communications multipliées et faciles avec tous les pays où se fait, dans l'Ouest, l'élève des chevaux propres aux diverses armes de la cavalerie.

II.

DU RÉTABLISSEMENT DU PRIX D'ARRONDISSEMENT AUX COURSES DE NANTES.

Que les courses soient un essai propre à constater le degré d'énergie des meilleurs chevaux et à propager les animaux doués de cette énergie, ou bien qu'elles se présentent au nombre de ces brillantes fêtes, imitées des peuples de l'antiquité, qui rassemblent toute une population sur un même point pour assister aux luttes soutenues par ce noble animal si admirablement décrit par notre grand naturaliste; telle n'est pas la double question que nous sommes chargés de résoudre (1). A ce sujet,

---

(1) Dans un mémoire sur l'amélioration des chevaux dans le département de la Loire-Inférieure, M. Paquer considère les courses « comme une sorte de fête nationale dont l'éclat et l'utilité tendent à ramener le goût presque perdu du cheval, et sans lequel on ne peut être porté à élever ce précieux animal, et aussi comme un moyen d'apprécier les individus capables de régénérer leur espèce. »

M. Paquer se trouve, à ce sujet, d'accord avec Bourgelat qui, après avoir rappelé que, dans l'antiquité, les haras d'Epire, de Mycène et d'Argos, durent à ces luttes la perfection singulière à laquelle ils parvinrent, dit que les courses ayant offert le plus sûr moyen de s'assurer de la vigueur et de la bonne organisation des chevaux, c'est par ce moyen que l'ancienne race *vile et méprisable des chevaux anglais* s'est modifiée, depuis l'introduction des chevaux arabes et *persans* dans la Grande-Bretagne. (*Eléments de l'art Vétérinaire*, par Bourgelat, 6.e édition, publiée par M. Huzard, en 1808.)

l'opinion des Membres de la Commission pourrait n'être pas unanime. Leur mission actuelle se borne à constater un fait.

Lorsque le gouvernement a créé des courses à Nantes, sur la demande de M. de Robineau, elles ont consisté en deux prix, l'un de 1000 francs pour les chevaux de trois ans, l'autre de 2000 francs pour les chevaux de quatre ans et au-dessus.

Encouragés par le premier prix, auquel ne pouvaient concourir que les chevaux de l'arrondissement des courses de Saint-Brieuc, Nantes et Angers, les éleveurs du département de la Loire-Inférieure, qui ne s'étaient pas occupés jusqu'alors de la propagation des chevaux de sang, ont acheté quelques juments de distinction et ont obtenu plusieurs poulains de race, avec l'espoir de récupérer leurs frais dans le concours au prix de 1000 francs. Eh! bien, c'est précisément au moment où, depuis l'établissement des courses, les poulains atteignent l'âge du concours, que le gouvernement supprime le prix qui leur était destiné, et sur lequel ils avaient dû compter.

L'une des premières demandes de courses en France, à l'imitation de l'Angleterre, a été faite par M. Le Boucher du Crosco, de l'Académie royale d'Agriculture de Bretagne, dans un mémoire publié en 1770 *sur les Haras de Bretagne.* Suivant M. du Crosco, il est bien certain, malgré tout ce que promet la belle configuration d'un cheval, qu'on ne peut véritablement décider de ses qualités qu'à l'essai, et qu'il n'y en a pas de meilleur, ni de plus infaillible que les courses publiques.

Nos éleveurs éprouvent ainsi une déception pénible, par une décision ministérielle non motivée, qu'aucun avertissement préalable n'a fait prévoir, et contre laquelle la Société Académique doit réclamer, en appuyant les conclusions du mémoire de M. de Robineau à ce sujet.

En vain le ministre prétend que nous pouvons aller lutter, pour ce même prix, aux courses de Saint-Brieuc et d'Angers : cette réponse ne peut suffire pour étouffer nos plaintes. On ne déplace pas, sans inconvénients, de jeunes chevaux ; on ne leur fait pas entreprendre un voyage fatigant sans courir les risques de nuire à leur développement dans un âge qui exige de grands ménagements si l'on veut obtenir un bon cheval en temps convenable, surtout quand ils vont s'exposer à une lutte qui, exigeant l'emploi de toutes leurs forces et de toute leur énergie, peut leur devenir fatale, si l'on n'a pas habilement réservé tous leurs moyens pour la soutenir.

A la seule nouvelle du retranchement du prix de trois ans, des poulains destinés aux courses ont immédiatement été mis en vente. Cela est d'autant plus fâcheux, que leur conservation, par un exemple utile et désiré, pouvait arrêter ou modifier l'usage, trop répandu parmi nos cultivateurs, de se défaire de leurs poulains de deux ans.

Au lieu de ce bon effet, que nous attendions tous, la déception des éleveurs a produit le découragement parmi ceux qui songeaient à les imiter, et qui se demandent sur quels encouragements durables on peut compter, lorsqu'on retranche aujourd'hui ce qu'on a promis hier.

Nous ne croyons pas que M. le ministre ait calculé les conséquences de sa décision.

Le rétablissement du prix de 1000 fr. doit donc être sollicité par la Société Académique, et la Commission en fait la proposition formelle.

———

III.

DE LA CRÉATION D'UNE RACE FRANÇAISE.

Une question, bien autrement vaste que les précédentes, s'est offerte ici à l'examen de la commission. Il ne s'agit plus d'un intérêt de localité, facile à démontrer avec quelques études spéciales et des observations appuyées de faits connus ; c'est la race chevaline tout entière que M. de Robineau propose de reconstituer en France.

Pour discuter avec maturité un travail semblable à celui que s'est imposé notre collègue, il faudrait se livrer aux longues recherches devant lesquelles il n'a pas reculé, il faudrait les appuyer de documents puisés aux lieux mêmes où il propose d'aller chercher les souches de la race dont il demande la création.

Nous ne nous trouvions pas, on le comprendra facilement, dans la condition voulue pour entreprendre une tâche aussi étendue. Mais cette tâche, en présence des considérations émises par M. de Robineau, ne peut manquer d'être acceptée par le gouvernement, qui seul a les moyens suffisants pour la remplir complètement. La Société Académique voudra donc bien appeler sur ce mémoire l'examen sérieux de M. le Ministre du commerce et des travaux publics, et, pour l'y engager, nous essaierons d'analyser un écrit qui, dans le sein de la commission, n'a pas excité moins d'intérêt qu'à la dernière séance générale de cette Société.

Tous les Etats ont compris l'importance de l'élève des chevaux, soit pour les besoins du commerce, de l'agriculture et de l'industrie, soit pour ajouter à leurs forces militaires ou pour les compléter, soit enfin pour accroître les jouissances de l'homme riche, dont les dépenses contribuent à l'aisance commune, et tous ont une race spéciale. La France est la seule puissance qui, après avoir dominé les autres puissances de l'Europe sous ce rapport, est devenue leur tributaire, en se trouvant réduite à aller chercher chez l'étranger une partie de ses chevaux de remonte et la plus forte portion de ses chevaux de luxe.

Le projet de la création d'une race française est donc une pensée nationale (1); mais son exécution renferme des difficultés que l'on n'est pas encore parvenu à surmonter, malgré l'exemple de nos voisins d'outre-mer. Pour les imiter avec la certitude du succès, peut-être

---

(1) Le général Bugeaud s'est exprimé ainsi, en 1835, à la tribune des députés: « On peut dire de l'industrie des chevaux ce qu'on a dit de celle des fers : une nation doit produire ses chevaux comme ses fers, sinon elle est en danger.

Avant l'expression de cette opinion, qui n'est au reste qu'une pensée générale, M. Joseph de Robineau, député de Maine-et-Loire, avait dit à la même tribune : « L'amélioration de nos races de chevaux est une question de force et d'indépendance nationale ; car cette indépendance ne peut se faire respecter que par des armées, et il faut que le pays puisse fournir des chevaux pour la cavalerie et l'artillerie qui entrent dans la composition de ces armées. »

ne faut-il que cette persévérance qui n'est pas la vertu française. On ne peut demander cette persévérance qu'avec des éléments qui ne laissent pas de doute sur l'avenir ; car la faute à réparer consiste , pour le pouvoir, à ne plus perdre un temps précieux en essais successifs. Comment ces essais auraient-ils pu produire un résultat, quand personne n'ignore qu'en fait de production des chevaux , la constance est la cause unique du succès, lorsque l'élément premier a été choisi avec discernement (1).

Ainsi ont agi les Anglais. On sait que, depuis deux siècles , ils ont introduit dans leur île des chevaux de pur sang , c'est-à-dire de sang oriental, puisque c'est la seule race primitive (2). Proscrivant alors leurs es-

---

(1) « En 1822 (disait M. Marmier à la chambre des députés , séance du 12 mai 1835), j'ai fait un voyage en Angleterre, j'ai été émerveillé de l'aspect des races de chevaux ; j'ai étudié d'après quel système on avait agi pour arriver à cette perfection ; eh ! bien , j'ai vu qu'on est arrivé là parce qu'*on a constamment suivi la même voie* depuis deux cents ans , sans jamais la quitter. »

(2) L'opinion générale considère la race arabe comme la race primitive ; mais cette opinion n'est pas unanime , et plusieurs écrivains prétendent qu'elle est démentie par *la Bible*.

M. Schlosser , dans son *Histoire universelle de l'antiquité* (trad. de M. Golbery), vient à l'appui de cette opinion. « C'est d e l'Egypte , dit M. Schlosser (1.er volume, p. 281) , que Salomon emprunta l'organisation des chars et des chevaux qu'il faisait distribuer et nourrir dans tout le pays. On prétend que Thèbes seule était chargée de l'entretien de 40,000 chevaux. Ces dispositions de

pèces abâtardies, pour composer exclusivement la race nouvelle de produits nés d'étalons et de juments de l'Orient (1), ils sont parvenus, à force de soins, par un régime convenable, avec un système qu'aucun obs-

---

la part de Salomon indiquent assez que la Palestine lui paraissait trop petite ; qu'il regardait comme plus importantes les plaines de l'Euphrate; enfin qu'il était plus sage que Moïse et David, qui avaient interdit l'usage de la cavalerie. La raison de cette défense était qu'*alors les Arabes eux-mêmes n'élevaient point de chevaux.* Les armées de Syrie et les peuples qui, dans le livre des Rois , sont nommés comme ayant des chars , faisaient venir leurs chevaux d'Egypte et d'Ethiopie.

Voici la traduction du texte de quelques versets des chapitres 4 et 10 du livre des Rois , dans la Bible :

« Salomon avait 4000 écuries pour les chevaux de ses chars , 12,000 cavaliers , 1400 charriots de guerre , et l'on amenait de l'Egypte et de Coa des chevaux pour Salomon; car ceux qui trafiquaient pour ce roi, les achetaient à Coa, et les conduisaient devant lui pour un prix convenu. On lui amenait quatre chevaux d'Egypte pour 600 sicles d'argent , et un cheval pour 150, et tous les rois des Hethéens et de Syrie lui vendaient ainsi des chevaux. »

D'autre part, l'histoire profane nous apprend que Sésostris possédait 20,000 charriots de guerre et un million de cavaliers. Sans s'arrêter à cette exagération , on peut en conclure qu'environ 1700 ans avant J.-C. , un grand nombre de chevaux existaient en Egypte.

Du moins est-ce déjà une noblesse fort honorable que celle qui fait descendre la race arabe actuelle, des haras de Salomon, suivant l'affirmation de Nieburh.

(1) Assertion du plus grand nombre des auteurs qui ont traité ce sujet, et fortifiée par le *Cours d'Équitation militaire de Sau-*

stacle n'a pu modifier , à reconstituer une race dont les producteurs ont leur origine officiellement constatée sans interruption. D'autre part , avec des alliances bien entendues, ce qui a formé le demi-sang , ils ont con-

---

mur (2.ᵉ vol. p. 227). — Voyez aussi le *Cours d'Hippiatrique* de Vogeli (2.ᵉ vol. , p. 267.)

« Il n'y a personne qui ne sache aujourd'hui que le pur sang anglais n'est autre chose que la descendance directe et sans mélange de producteurs orientaux , étalons et juments qui furent importés en Angleterre dans la 1.ʳᵉ moitié du XVII.ᵉ siècle. (*Considérations sur les différentes races* , par A. de Vaulabelle.)

« On n'a donné aux chevaux de course anglais le nom de chevaux de pur sang que parce qu'ils sont le produit, direct et sans mélange aucun de sang impur , d'accouplements de chevaux arabes. » (Sur la *Puissance productive du sang arabe* , par de Burgstordt.)

Le duc de Schleswig-Holstein confirme cette assertion dans un écrit sur les courses.

« Jamais les Anglais n'ont appliqué le nom de chevaux de pur sang qu'aux chevaux descendant, directement et sans mélange , de chevaux orientaux , soit que ces derniers aient été introduits sous Charles II, époque que l'on assigne à la création de leur race supérieure, soit qu'ils aient été importés postérieurement. (*Journal des haras* du 15 janvier 1829.)

Cependant John Lawrence et M. Hussard fils ont essayé de prouver que la race anglaise n'est qu'un métissage très-ancien et très-suivi avec les races d'Orient.

Le comte de Weltheem , l'un des éleveurs les plus célèbres de l'Allemagne , a publié un écrit exprès pour combattre cette dernière opinion. Il fait remonter l'introduction des étalons orientaux jusqu'au règne de Jacques Iᵉʳ. Alors on les croisait avec des éta-

sidérablement amélioré les espèces communes ou de moindre distinction, en les faisant répondre aux besoins généraux.

La pensée dominante actuelle, ou, si vous voulez, la

---

lons indigènes. Charles II établit les courses, et, ne voulant y admettre que des animaux de pur sang, il fit acheter quelques étalons et un certain nombre de juments de l'Asie mineure, qui formèrent la souche de la race actuelle. Pendant quelque temps on ne fut pas assez sévère pour proscrire des hippodromes les *métis*; mais, dès 1720, aucun cheval n'y a été admis sans être d'origine orientale. Plus tard, on s'est un peu ralenti sur cette exigence.

M. le vicomte d'Aure, dans son *Traité d'Équitation* (1834), quoique partisan déclaré de la race normande, à laquelle l'Angleterre dut ses premiers bons chevaux de guerre lors de la conquête de Guillaume, est loin d'attribuer l'amélioration de la race anglaise aux croisements successifs; car, suivant lui, en essayant de modifier l'espèce par des croisements, on la perdit, et l'on n'obtint plus que des animaux sans force et sans énergie. « On vit alors, dit cet écuyer distingué, que les races indigènes devenaient insuffisantes à l'accomplissement du travail qu'on avait entrepris. Quelques chevaux arabes, qu'on amena en Europe à l'époque des croisades, donnèrent déjà des produits qui prouvèrent la supériorité de ces espèces étrangères : c'est ce qui fit que, plus tard, lorsqu'on songea sérieusement à l'amélioration de nos races, des hommes éclairés jetèrent les yeux sur l'Orient, pour y rechercher chez les tribus arabes la race primitive pure et sans mélange.... Mais, afin de n'être pas toujours tributaires de l'Arabie, les Européens tentèrent d'acclimater cette race de noble sang qu'aucune mésalliance n'avait tachée. Indépendamment des étalons, ils importèrent des juments de pur sang, afin de faire naître le pur sang en Europe. Il fallut de grands soins, pour que des produits qui auraient dû naître sous un ciel et sur des sables brûlants, pussent s'acclimater dans un pays humide.... Les Français eurent peu de succès,

pensée en vogue, est de reconstituer la race française avec des étalons et des juments de pur sang anglais qui, ayant une taille plus élevée que celle des Arabes, nous mettraient tout d'abord au point où les Anglais ne sont arrivés qu'après deux siècles. Cette pensée, séduisante au premier aspect, paraît surtout diriger l'administration des haras, à l'exception cependant du haras de Pompadour, dont le directeur s'efforce, avec une louable persévérance, de former une race pure avec des étalons arabes et des juments limousines qu'on sait provenir des chevaux de l'Orient amenés en France au retour des Croisades (1).

---

parce qu'ils n'y mirent point de persévérance ; mais l'Angleterre, au contraire, a réussi complétement, en suivant, dès le principe, les errements des Arabes à l'égard des généalogies. »

Ce même débat existait du temps de Bourgelat, qui, non-seulement ne s'est pas prononcé à ce sujet, mais qui, dans son doute, a senti faiblir un instant son système en faveur du croisement contre les alliances pures. « Des personnes, dit Bourgelat, soutiennent que les chevaux anglais, dits de race, ne sont que ceux qui proviennent en ligne directe de chevaux et de juments arabes ; mais ces juments sont-elles d'un sang véritablement pur ? Il serait d'autant plus intéressant de vérifier ce point, que *l'on croit* assez communément à l'indispensable nécessité de croiser les races. »

Dans tous les cas, ajouterai-je, si quelques chevaux n'ayant pas la double origine orientale ont figuré sur le *Stud Boock* anglais, c'est tout simplement une noblesse illégitime concédée au demi-sang ; mais cette exception n'infirme pas la règle générale, d'après laquelle le *pur sang* indique la provenance de souche orientale.

(1) Nous devons à M. Lamaignère, membre de la commission, l'un des éleveurs qui ont fait le plus de sacrifices pour l'élève des chevaux et qui se sont le plus appliqués à la propagation du sang

M. de Robineau, fort de son expérience, des nombreux et bons élèves qu'il a formés, tous de souche orientale, et, enfin, confiant dans les assertions multipliées
des plus célèbres voyageurs, propose un système nou-

---

oriental, les renseignements suivants, sur le Haras de Pompadour,
dirigé avec autant d'intelligence que de talent par M. A. de Les-
pinas.

« L'organisation du Haras de Pompadour a été la pensée la plus
heureuse que l'Administration ait eue depuis sa création. On y a
réuni toutes les bonnes juments arabes que la France possédait.
Elles ont été saillies par des étalons de cette même race. Les résultats sont fort avantageux, et tendent à faire posséder à la France
une race pure appartenant à son sol. — Quelques juments anglaises
de pur sang ont aussi été placées dans ce haras. Leurs poulains ont
plus de taille et de force que les produits orientaux ; mais ils exigent
beaucoup plus de nourriture, et ils n'ont pas cette grâce, cette souplesse que l'on trouve chez le fils de l'Arabe. — Les poulinières
limousines, qui sont presque toutes saillies par des chevaux arabes
ou des étalons anglais de pur sang, donnent également les plus heureux résultats. Malheureusement, les chevaux français ne se vendent pas, et les propriétaires de la Corrèze sont tous dégoûtés de
sacrifices sans compensation : si le gouvernement ne vient pas à leur
aide, il est à craindre que la race ne s'éteigne promptement, car la
consommation est le premier de tous les encouragements. »

Le Haras de Pompadour, l'un des plus anciens haras formés en
France, date des Croisades. Le comte de Royère, à son retour de la
Terre-Sainte, eut l'heureuse idée d'introduire en Limousin plusieurs chevaux arabes et turcs. Il a toujours été remarqué, depuis,
que ces deux belles races ont mieux réussi que partout ailleurs.

Nous croyons que la vraie race bretonne améliorée, qui a plus d'un
rapport avec la race arabe, remonte au moins à la même époque ; ce
qui a fait dire avec raison à M. Edelin de la Praudière que la race
bretonne est une vraie race française, car ses plus belles espèces

veau. — Il ne veut pas d'une race créée à l'aide des étalons et des juments insulaires, parce qu'il nous croit, avec raison, incapables de prodiguer à nos chevaux ces soins multipliés, attentifs, de chaque instant, par les-

---

ont des rapports évidents avec la race primitive, et que, pour l'améliorer, il suffit d'employer à la propagation ses animaux les mieux constitués, si l'on n'emploie pas directement les étalons asiatiques.

M. Paquer, vétérinaire, et l'un des membres de la Commission, avait déjà considéré la race bretonne comme provenant de la race primitive, et cette opinion n'est pas sans fondement. En effet, il se pourrait faire que la race bretonne, à une époque si éloignée qu'on ne peut en fixer le terme, eût été formée par l'introduction des chevaux de la Paphlagonie, dont Homère a vanté les haras, de ces chevaux des Henètes de l'Asie, avec lesquels les Venètes gaulois eurent de si fréquents rapports, que nos antiquaires discutent uniquement sur la question de savoir si les Henètes de la Paphlagonie descendaient, comme les Venètes de l'Adriatique, des anciens Armoriques, ou si ceux-ci sont d'une origine asiatique.

Suivant Homère, *le pays des Henètes, d'où sont venus les mules sauvages*, comprenait *la Paphlagonie, entre Citore, Sésame, et les belles villes qui sont sur les rives fleuries du Parthénius, Cromne, Egiale et les roches Érythines.*

Personne n'ignore que les Bretons, avant la conquête de César, étaient surtout cités pour leur excellente cavalerie. A la mort d'un guerrier breton, son cheval était enterré avec lui. Cet usage qui remontait en Bretagne aux époques les plus reculées, a été imité dans le cérémonial qui veut qu'aux obsèques d'un général, son cheval de bataille suive immédiatement son cercueil.

L'opinion de M. Paquer est en contradiction avec la nôtre sur l'alliance du pur sang dans la jument et dans l'étalon comme le moyen le plus sûr d'amélioration. D'accord avec Bourgelat, il regarde comme condition principale d'amélioration des races le croisement bien entendu (communication faite à la Société Académique en avril

quels les Anglais maintiennent leur race, à l'aide d'un régime stimulant, et combattent le germe du vice lymphatique dû à l'influence du climat humide de l'Angleterre.

1838). Toutefois, il s'accorde avec nous sur l'indispensable nécessité d'avoir pour premiers producteurs des animaux de pur sang; car il avoue que, lorsqu'on se sert des métis *qui n'ont pas hérité des qualités du type originel*, ils deviennent la cause la plus évidente de la dégradation des races, et font faire un pas rétrograde, même aux productions améliorées.—Voici ce qu'il écrivait en 1824 (3.ᵉ volume du *Lycée Armoricain*) :

« Quoique les races françaises aient perdu ce point de pureté qui les caractérisait, il serait toujours très-avantageux de tenter de les perfectionner entre elles par des animaux de choix et des appareillements bien faits. Dans tous les cas, cette amélioration peut être attendue des races exotiques : c'est par elles que les nations du Nord se sont créé des chevaux que leur sol leur aurait refusés ; c'est par elles que la race limousine, qui s'était perdue, commençait, il y a quelques années, à reparaître avec ses beaux caractères, tels que l'élégance des formes, l'agilité, la souplesse et le nerf des mouvements, la noblesse dans l'attitude, une physionomie marquée par le regard et la mobilité des muscles de la face, *qualités que les chevaux de sang peuvent seuls transmettre à leurs descendants.* Ces faits nous font voir quel parti on eût pu tirer des Arabes, des Persans, et de quelques autres chevaux précieux que la France possédait en 1814. »

Nous avons vu avec plaisir la justice rendue au cheval breton dans le 1.ᵉʳ volume du *Dictionnaire du Commerce et des Marchandises* de 1837, d'accord avec les opinions qui précèdent : « Le cheval *Breton* (y dit-on) est le seul en France qui ait conservé sa véritable espèce, comme sa véritable race. Cette race a de nombreuses

Le savant Raspail partage cette manière de voir dans son *Cours d'Agriculture*. « Le cheval anglais, dit-il, a été régénéré depuis les Croisades par *le croisement des races arabes ;* car, par lui-même, il serait bien inférieur à nos chevaux communs. Il est donc évident que, pour régénérer les nôtres, nous ne devons pas avoir recours à ceux d'Angleterre, mais au cheval type, au cheval arabe ou au cheval originaire des contrées qui, par leur climat, se rapprochent de l'Arabie (1). »

L'Angleterre étant plus au Nord que la France, ici s'applique la règle générale que les races du midi, trans-

---

qualités, et, si elle n'a pas l'élégance du cheval arabe, elle a du moins avec lui beaucoup d'analogie pour le fond, la solidité, et ses formes s'allient à merveille avec celles de l'Arabe. Ce cheval n'est, de la part de l'administration, l'objet d'aucune attention. Il est cepen-dant propre à tous les usages. »

(1) En Hongrie, le haras du prince Esterhazy, dont l'existence remonte à plus d'un siècle, offrait un choix de chevaux de la plus belle race, où le sang oriental dominait ; mais des étalons anglais, introduits en grand nombre, pour céder à la vogue, ont fait dégé-nérer ce haras et y perdre le type précieux dont tous ses produits portaient jadis l'empreinte. En 1830, le prince a été obligé de faire acheter des étalons orientaux pour y régénérer la race. (Tome 5 du *Journal des Haras*, page 343.)

A-t-on oublié que lord Pembroke écrivait à Bourgelat : « Je ne conçois pas la fureur des Français pour nos chevaux, quand je vois leurs belles races normande, limousine, navarrine, etc. » — Quoi qu'il en soit, la plupart des chevaux anglais sont beaux et bons ; mais il s'agit de savoir si, comme producteurs, on doit les préférer aux chevaux asiatiques ? C'est là ce que nous ne croyons pas.

portées dans le nord, conservent et régénèrent les races
du nord; tandis que, transportées dans le midi, elles en
détériorent les races (1).

Quoique M. de Robineau reconnaisse toujours les chevaux arabes comme placés à la tête de toutes les espèces,
ils ne lui paraissent pas convenables, cependant, pour la

---

(1) «..... Quant au pays d'où l'administration doit tirer ses étalons, elle devra se rappeler cette loi prouvée par notre grand naturaliste, par Cuvier, que les espèces animales et végétales, si elles
peuvent se conserver, et, sous certains rapports s'améliorer en
passant des climats chauds dans des climats plus froids, et des climats
plus secs dans de plus humides, se détériorent, au contraire, dans
la marche inverse. A cette raison générale pour toutes les espèces
animales et végétales s'en joint une spéciale pour l'espèce chevaline,
qui est originaire d'Asie. Si donc, au lieu de demander ses étalons
dans l'Arabie ou dans les pays qui l'avoisinent, l'administration les
allait chercher dans des régions plus froides ou plus humides que
celles auxquelles elle les destine, même dans celle qui est le plus
citée pour l'amélioration de ses chevaux, dans l'Angleterre, elle
pourrait avoir à la première génération des produits, non plus forts
et plus beaux réellement, mais plus grands, de plus d'apparence,
peut-être plus vites, supérieurs comme coureurs, mais non comme
producteurs. Plus le cheval se rapproche du pur sang, de l'Arabe, plus
sa constitution est forte, sa déperdition faible, sa sobriété grande;
plus ses muscles sont vigoureux, plus son ensemble est parfait. —
Depuis le temps que nous tirons nos étalons d'Angleterre, si les chevaux anglais pouvaient, en toutes conditions, améliorer nos races,
nous serions en état d'en vendre à toute l'Europe. Si nous n'avons
pas mieux réussi, il est donc à présumer qu'on a méconnu une loi de
la nature. (Discours de M. Lherbette à la chambre des députés.
Séances des 12 mai 1835 et 28 juin 1837.)

formation d'une race française, parce que leur taille médiocre ne donnerait des producteurs plus élevés que dans un laps de temps trop long pour notre impatience française.

Il cherche alors, dans la nécessité pour la France d'avoir des chevaux de haute taille, s'il existe un pays où la race primitive a grandi sans perdre aucune de ses belles qualités, et, appuyé sur des autorités imposantes, il indique l'existence de cette race dans une portion de la Perse et l'immense portion de l'Asie à laquelle nos géographes modernes ont donné le nom de *Turkestan*, ou *Tartarie Indépendante* (1), située entre la mer Caspienne, le lac d'Aral, le Korassan, province de Perse, et le Khôckan, dans ces vastes contrées où, suivant les assertions récentes de M. de Besse, qui vient de les visiter, les hommes et les animaux *sont plus sains, plus robustes, plus en état de supporter la faim et la soif et de plus longues fatigues que tout autre peuple sur la surface du globe.*

Là se trouvent des chevaux d'une race pure en réputation depuis des siècles, ayant une taille de près de cinq pieds, forts et robustes, *à la chair de marbre, à l'os d'ivoire, qui meurent, mais ne vieillissent pas ,* suivant les expressions orientales, supportent les fatigues plus qu'aucun autre cheval du monde, même à côté

---

(1) **Malte-Brun** (*Géographie Universelle*); **Victor Levasseur** (*Géographie Moderne*); **Henri Richelot** (*Géographie Industrielle*).

des chevaux arabes du plus pur sang, font jusqu'à 50 lieues par jour, et soutiennent des courses journalières de 40 à 45 lieues pendant près d'une semaine. (1)

En effet, ces chevaux ont toujours été reconnus comme les meilleurs après la race arabe, avec plus de taille. (2)

Xénophon, dans son *Traité de l'Équitation* (trad. de Courrier), loue beaucoup les chevaux persans. — Char-

---

(1) *Histoire de Perse*, par sir John Malcolm, et ouvrage de Morier, autre écrivain anglais.

(2) « Les chevaux persans (dit l'*Almanach Equestre* de 1834) étaient célèbres bien avant que les chevaux arabes fussent connus ; ils formaient alors la meilleure cavalerie de l'Orient, et l'on estimait tellement cette race, qu'Alexandre considéra comme l'un des plus beaux présents qu'il eût jamais reçus, un cheval persan. »

« La Médie fournit, comme l'Arménie, d'excellents pâturages pour les chevaux. On y voit surtout une prairie appelée *Hippobotos*, que l'on traverse en se rendant, soit de la Perside, soit de Babylone, aux piles Caspiennes, et dans laquelle, du temps des Perses, paissaient, dit-on, 50,000 juments. Ce haras faisait partie du domaine royal, et c'était, selon quelques auteurs, celui d'où sortaient les chevaux dit *Nésæi*, dont le roi se servait comme étant les meilleurs et les plus grands ; mais, suivant d'autres témoignages, leur race venait de l'Arménie. Les chevaux que nous appelons *Nésæi*, sont pareils à ceux que nous appelons *Parthiques* ; et, en les comparant avec des chevaux de race grecque, ou transplantés d'autres pays dans le nôtre, on leur trouve une forme particulière. » (*Strabon*).

« Dans la Médie, un chupper, ou messager du schah de Perse, parcourt sur le même cheval, avec une promptitude remarquable, 120 milles à travers un pays montueux, 200 milles dans deux jours. » (Notes sur l'Education des Chevaux, par M. Paquer. 1828.)

din les signale comme infatigables. Bourgelat leur accorde la même vigueur, et préfère ceux de Bagdad à tous autres. — M. Davelouis, dans un écrit publié dernièrement sur les remontes, croit qu'ils valent la race arabe. — Raspail les place immédiatement après, et cette opinion est celle de tous les écrivains qui, à ce sujet, ont fait des recherches consciencieuses.

« Ces chevaux (dit Malte-Brun) font des marches extraordinairement longues, et sont d'un grand secours dans un pays aussi sujet aux révolutions que l'est la Perse. Kerim Kan en fit une mémorable expérience : il se rendit, en 52 heures, de Chiras à Ispahan, distance qui est de 120 lieues. » — M. Gamba ne compte que 96 lieues, dans un récit du même genre que nous reproduisons ici.

M. le chevalier Gamba se trouvant à Bakou (dans le Chirvan, sur les bords de la mer Caspienne, opposés à la Turkomanie), y vit six chevaux turkomans venus du golfe de Balkan. Il apprit, en les examinant, que ceux de la tribu de Teki tiennent le premier rang, et que les seuls chevaux arabes de la tribu de Nedgy leur sont supérieurs. Viennent ensuite ceux de la tribu de Jamoutz, dans les environs de Bastan, au-dessus d'Esterabad, sur les bords de la mer Caspienne. « Ces chevaux, dit M. Gamba, se distinguent par la hauteur de la taille et la force des membres, ce qui les rend égaux à ceux du Khorassan, les plus élevés. Ils ont plus de fierté, sont plus robustes, supportent mieux les fatigues, courent plus rapidement et plus long-temps que tous les chevaux

connus. Ils sont remplis de feu et de courage , très-do-
ciles quand ils sont bien dressés, et si sobres qu'ils
peuvent marcher toute une journée, en se contentant
d'un peu d'orge, et continuer leur voyage pendant plusieurs jours avec aussi peu de nourriture. Quelques
personnes prétendent que ces chevaux pourraient fournir,
pendant 24 heures , une carrière de plus de 67 lieues
sans être abymés. Un des officiers attachés à l'ambassade
du général Gardanne, en Perse, m'a assuré qu'il était
de notoriété publique à Téhéran , que Feth-Ali-Chah , à
la mort de son oncle, voulant se trouver à Ispahan assez
à temps pour empêcher toute usurpation , s'y rendit de
Schyras en 24 heures sur le même cheval turcoman ,
quoique la distance qui sépare ces deux villes soit de 96
lieues (1).

Ajouterons-nous que les excellents chevaux de
l'Ukraine descendent directement des chevaux turkomans, introduits pour monter les régiments de cosaques
destinés , dans ces pays d'immense étendue, à arrêter
les irruptions des Tartares.

M. de Robineau a désiré que nos recherches vinssent
fortifier les siennes ou s'y opposer, par une sorte de
contrôle. Quoique nous n'ayons pu y consacrer que trop
peu de temps , les recherches qui précèdent et celles qui
vont suivre, suffiront pour confirmer ses assertions sur

---

(1) *Voyage dans la Russie Méridionale* et particulièrement
dans les provinces au-delà du Caucase , de 1820 à 1824. — Tome
2.ᵉ , page 309.

l'existence d'une race pure et grande aux lieux qu'il indique, avec toutes les qualités qu'il lui attribue.

L'histoire dit que le roi de Tawan, qui est le Khôckan de nos jours, dont l'ancien Turkestan est une province, possédait les plus beaux chevaux de la terre. Un envoyé chinois qui avait visité ce royaume, vanta tellement ces chevaux à l'empereur Wouti (de 141 à 87 avant J.-C.) que l'empereur fit offrir au roi de Tawan mille pièces d'or et un cheval fait du même métal, pour obtenir un de ses plus beaux coursiers. Le roi refusa, et fit tuer l'ambassadeur chinois pour avoir eu l'audace de lui adresser une semblable proposition. Wouti, irrité, déclara la guerre au roi de Tawan, ravagea ses États, et, après la mort de celui-ci, n'accorda la paix qu'après l'offre d'un cheval dont la peau était si fine qu'*il suait du sang* (1).

Le savant orientaliste Abel Remusat a confirmé la supériorité de cette précieuse race, à laquelle la tradition assigne une origine divine. « On raconte, dit M. Remusat, que les *chevaux qui suent le sang* descendent d'un cheval céleste. Ce cheval habite sur une haute montagne dont il est impossible de se rendre maître. On prend donc des cavales de différentes couleurs, et on les établit dans les pâturages qui s'étendent au pied de la montagne, pour faire produire des poulains, et c'est

---

(1) Notice sur le Khôkand, traduit par M. Klaproth, page 81 du 1.er volume du Magasin Asiatique (1825).

pour cette raison qu'on les appelle chevaux **descendus**
du cheval céleste. » (1)

On avouera que c'est là du pur sang, ou jamais !

Sans doute aussi ce n'est là qu'une tradition populaire ;
mais une tradition ne subsiste pas sans une cause pre-

---

(1) *Mélanges Asiatiques*, publiés en 1829. Tome 1.er, page
201 et 245.

Après cette citation rappellerai-je que le Coran, suivant les ré-
vélations faites à Mahomet, prétend que Dieu appela un jour le
vent du Sud, et lui dit : « Je veux tirer de toi un nouvel être,
« condense-toi, dépose ta fluidité, et revêts une forme visible. »
Le vent du Sud ayant obéi, Dieu prit quelque peu de cet élément
devenu palpable, et le cheval fut produit ; le cheval, *la plus
belle créature après l'homme*, suivant les Orientaux. Alors
Dieu parla ainsi au cheval : « Va, cours dans la plaine, tu devien-
» dras pour l'homme une source de bonheur et de richesse ; la
» gloire de te dompter ajoutera à l'éclat de ses travaux. »

Ainsi que le cheval du Kockan, les cinq juments favorites du
prophète descendaient du cheval céleste, et l'une d'elles, *El-
borack*, cette jument d'un gris argenté et si vite que l'œil avait
peine à la suivre dans son vol, car elle était plus rapide qu'un
coup d'œil, fut celle sur laquelle Mahomet parcourut, avec la
promptitude de l'éclair, l'immensité des airs, quand l'ange Gabriel
le conduisit de la Mecque à Jérusalem, la ville sainte, et que de là il
monta aux cieux (*Vie de Mahomet*).

On cite encore dans la descendance directe du cheval de Dieu,
le cheval *Haïsoum*, que montait l'ange Gabriel, quand il com-
battit à Safra pour le saint prophète, *Haïsoum* sous les pieds duquel le sable se convertissait en or, ce que sachant Sameri, il
prit de la poussière sur laquelle le coursier avait imprimé ses pas

mière, et la beauté et la bonté des animaux dont il est question sont, sans aucun doute, la cause qu'elle s'est maintenue dans les contrées où M. de Robineau propose d'aller chercher les souches d'une race française.

Après cela, si nous abandonnons les superstitions populaires, nous verrons que les voyageurs modernes les plus recommandables ont signalé dans les chevaux de Khôckan, une force et un courage qui surpassent l'imagination. Voici, pour en citer un exemple, le récit de l'interprète russe Nazarow dans son *Voyage au Khokand* (1), à l'occasion d'une excursion dans la steppe des Kirghis-Kaïssack, steppe qui touche à-la-fois aux rives de l'Oural, au lac d'Aral et au territoire de Khiva : — « On traverse le Syr-Daria , fleuve d'une largeur d'environ 900 pieds , dans de grands bateaux qui contiennent jusqu'à 70 chameaux. Les Khokandiens attachent

---

sacrés , et en forma le fameux veau d'or qu'adoraient les infidèles (*Le Coran* , chap. 20).

La croyance que les juments étaient fécondées par le vent, était, on le sait , commune chez les anciens et se trouve dans la mytho logie. — Virgile , dans le livre 3 des Géorgiques , ne dit-il pas que les cavales de la Nubie étaient fécondées par les vents. — Aristote parle de certains cantons qui avaient le même privilége. — Varron raconte le fait comme véritable. — Columelle atteste cette fécondation merveilleuse.

De cette tradition fabuleuse, la conséquence à tirer , c'est que les juments laissées en liberté , respirant un air pur et fortifiant , sont plus sûres de leur fécondité.

(1) *Voyage à Khokan , en* 1813 *et* 1814. — Traduction de M. Klaproth,

à chaque embarcation 5 chevaux par la crinière et par les hanches, 2 à l'avant, 2 à l'arrière, le cinquième servant de gouvernail. Ces animaux, ainsi arrangés, remplacent les rames et traînent les bateaux. Malgré la rapidité du courant et le poids de la charge, ils ne paraissent point fatigués, quand ils atteignent la terre. »

La belle race Turkomane qui porte le nom d'Argamack, dont la robe est tigrée, se paie de 1500 à 3000 fr. à Khiva, que traverse l'Oxus, au centre du Turkestan.

Le capitaine russe Mouraview, dans son *Voyage en Turkomanie* (1), dit que les chevaux de Khiva « supportent la fatigue d'une manière inconcevable. Les Khiviens et les Turkomans qui vont en Perse pour piller, font ordinairement de 40 à 45 lieues par jour dans des steppes dépourvues d'herbe et d'eau, marchant ainsi huit jours de suite avec cinq à six poignées de djogan pour toute nourriture à leurs chevaux, et ceux-ci passent quelquefois quatre jours sans boire. On ne saurait se faire une idée des fatigues qu'ils supportent. Aussi, la meilleure défense des Khiviens, en temps de guerre, consiste dans ces animaux, qui sont recherchés dans toute l'Asie, à cause de leur vivacité, de leur force et de leur beauté. »

C'est encore sur les rives de l'Oxus que M. Alexandre Burnes a trouvé les chevaux les plus grands, les plus robustes, les plus célèbres du Turkestan, que la tradition populaire affirme descendre de la fameuse *Rakch de Roustam*, la jument de l'Hercule persan. Le climat

---

(1) Traduction de MM. Eyriès et Klaproth, page 110 et 365.

y est favorable à leur constitution, et ils y acquièrent une grande perfection. Les habitants montrent la sollicitude la plus patiente pour la propagation et la nourriture du cheval; de sorte que ses bonnes qualités se développent complétement dans ces contrées, où sa chair devient ferme, en acquérant une vigueur incroyable. M. Burnes assure, d'après *des renseignements authentiques,* que ces animaux parcourent une distance de 200 lieues en sept et même en six jours; mais on les prépare d'avance pour ces formidables excursions, ainsi que pour les courses considérées comme fêtes publiques. Ces dernières sont presque aussi communes qu'en Angleterre; mais l'épreuve est de 36 à 44 kilomètres, au lieu des 4 kilomètres de nos hippodromes.

Les chevaux du Turkestan, ainsi que ceux de la Perse, sont fréquemment conduits dans l'Inde, où on les vend avec un profit considérable (1).—Rappelons-nous que, dans son *Voyage dans l'Inde,* Jacquemont raconte qu'ayant acheté un cheval Persan, il fit avec cet animal 12 à 1500 lieues, depuis Calcutta jusqu'au pied de l'Himalaya: « Pendant ce long trajet, écrit-il, il n'y a pas » de jour où je n'aie eu à monter et descendre 12 à » 1500 mètres, sans compter les parenthèses et sans que » le pied lui ait manqué, — jamais malade, — jamais » boiteux, — jamais écorché. — Nous galoppâmes pen- » dant trois jours à crever les chevaux. Mon bidet persan

---

(1) Voyage de l'interprète russe Nazarow.

» arriva plus frais que les superbes arabes de mes com-
» pagnons, tous payés 5 ou 6,000 francs. » — Il est vrai
que le cheval persan de Jacquemont n'était pas beau :
c'était un cheval taré qu'il n'avait payé que 1,000 fr. dans
l'Inde ; mais quelles ressources dans un animal qui ré-
siste à de telles fatigues ? (1)

La cavalerie au service de la compagnie des Indes se
remonte en chevaux exportés de la Perse, tant par terre
que par mer. Mac Culloch, qui nous fournit ce fait que
nous n'avons pas dû négliger de citer, ajoute que le
cheval persan n'est ni aussi vite, ni aussi élégant que

---

(1) La corpulence qu'une forte nourriture et l'influence du
climat font obtenir aux chevaux, est un sujet d'étonnement dans
l'Inde. — Au mois de janvier 1831, M. Burnes, lieutenant de
l'armée anglaise, fut envoyé en mission dans l'Inde. Il arriva dans
les États de Runjet-Sing, roi de Labor, où se trouve notre com-
patriote le général Allard, et fut chargé de présenter au roi, de la
part de sa Majesté britannique, cinq énormes chevaux de trait
de race anglaise, dont il y a 10 ans ou plus un modèle remarquable
se trouvait, comme étalon royal, à la station de Nantes, alors chez
M. Coicand. — « A peine fit-il jour (dit M. Burnes dans le récit de
son voyage) que la population du pays des Sikes, manifesta la plus
avide curiosité de voir les chevaux. A cette vue, la surprise fut
extrême. Ce ne sont pas des chevaux, s'écriaient les curieux, mais
de petits éléphants. Ils étaient surtout charmés de la quene et de la
crinière de ces animaux, à cause de leur ressemblance avec le crin
des vaches du Thibet ; leur robe gris-pommelé excitait aussi l'admi-
ration. L'arrivée d'une pareille merveille produisit un tel effet
dans le royaume de Labor que les habitants stupéfaits assuraient
que *la lune en avait pali*. »

l'arabe, mais qu'il est plus grand, plus robuste et même préférable à beaucoup d'égard pour la cavalerie, parce qu'il est capable de supporter les fatigues à un degré extraordinaire (1).

M. Malte-Brun mentionne les chevaux persans voisins de la Tartarie indépendante comme les plus beaux et les mieux faits de l'Orient, plus hauts que ceux de l'Angleterre, avec la tête plus petite, les jambes délicates et le corps bien proportionné; doux, très-laborieux, vifs et légers (2).

M. Gaspard Drouville, dans son *Voyage en Perse,* signale les chevaux Turkomans qu'il y a vus comme d'origine arabe et de la plus grande race, excessivement forts et d'une grande vitesse : ils peuvent galopper pendant cinq heures sans ralentir sensiblement leur allure : ils sont bons à tout. — M. Drouville leur trouve une telle ressemblance avec la race anglaise, qu'il est porté à croire que *les Anglais ont formé leur race privilégiée avec le cheval turkoman.*

Ceci nous remet en mémoire que le cheval persan *Wellesley*, de la taille de 5 pieds, était cité en Angleterre, en 1829. comme le plus beau cheval oriental qu'ont eût vu jusque-là.

Parmi les chevaux orientaux qui, en 1730, commencèrent à régénérer l'espèce anglaise, on mentionne, au

---

(1) Mac Culloch. *Dictionary of Commerce*, art. *Bushire.*
(2) *Précis de la Géographie universelle*, tome 8, page 344.

nombre des étalons qui donnèrent alors de beaux et nobles produits, le persan Mathew's (du nom de son propriétaire anglais) (1).

Au reste, les Persans, de l'aveu des voyageurs modernes, s'appliquent à conserver la pureté de la race turkomane avec le même soin que les Arabes, en rendant leurs chevaux l'objet d'une sorte de culte. Ainsi sir John Malcolm, dans son *Histoire de la Perse*, assure que les Persans conservent religieusement, dans leur pureté, les espèces que leurs ancêtres ont autrefois amenées de la côte d'Arabie ; mais leurs chevaux ont atteint une race élevée et plus de force dans de meilleurs pâturages. Sir Malcolm se trouve d'accord avec les écrivains dont nous avons invoqué les témoignages sur l'énergie miraculeuse de ces animaux, pour supporter d'incroyables fatigues (2).

---

(1) « Ce fut par le cheval persan que, sous le règne d'Elisabeth, l'Angleterre débuta dans ses acquisitions de chevaux de l'Asie. Plus tard, le cabinet de Londres fit venir des chevaux de Bassora, et le marché passé alors avec le pacha de Bagdad fut une véritable conquête, qui changea la face des trois royaumes. » (Notice sur *les Chevaux et les Courses*, par M. Malvoisine, publiée dans le *Journal de Maine-et-Loire* du 20 avril 1838.)

(2) *Histoire de la Perse*, 4.ᵉ vol., page 292.

Les chevaux blancs étaient autrefois regardés en Perse comme sacrés.

On sait, au reste, que de tout temps les peuples de l'Orient ont attaché un grand prix aux chevaux. Chacun avait son nom, sa généalogie, et le *Stud Boock* anglais, imité récemment en France, n'est que la continuation de cet antique usage ; mais les anciens faisaient plus encore. Leurs chevaux venaient-ils à mourir, on leur dressait

Qu'on ne s'étonne donc pas si, dans ces contrées, suivant l'interprète russe Nazarow, on fait un tel cas du cheval que, dans toute habitation, il occupe la première chambre, tandis que la femme n'a que la seconde (1).

Le capitaine russe Moriew ajoute que les Khiviens tiennent plus proprement leurs écuries que les lieux qu'ils habitent eux-mêmes (2).

D'après sir Malcolm, l'écurie du Roi est, en Perse, le plus sacré de tous les asiles, au point qu'un assassin peut s'y réfugier, comme au moyen-âge dans les églises, avec la certitude de n'y être pas poursuivi (3).

J. Morier, dans son *voyage en Perse*, parle de la grande réputation des chevaux du Daschtisan, sur les bords de la mer Caspienne, par suite de leur vigueur et de leur beauté. Ils proviennent d'étalons du Nedgy. — Il signale la race turkomane, croisée avec des étalons du Nedgy, comme ayant donné de magnifiques pro-

---

un tombeau et on leur consacrait une épitaphe. Dans un ouvrage publié *sur Constantine* en 1837, M. Dureau de la Malle donne la traduction suivante d'un de ces curieux monuments :

AUX DIEUX MANES.

Fille de la gétule *Haréna*,

Fille du gétule *Equinus*,

Rapide à la course comme les vents,

Ayant toujours vécu vierge,

SPENDURA ! tu habites les rives du Léthé.

(1) *Magasin asiatique*, 1.er vol., page 35.

(2) *Voyage en Turkomanie*, page 365.

(3) Tome 2, page 386.

duits à Smyrne et dans l'Asie mineure. — Il raconte que, dans le Turkestan, chevauchant avec des cavaliers montés, les uns sur des chevaux arabes, les autres sur des chevaux persans, à travers des routes difficiles, les premiers marchaient d'un pas craintif et firent plusieurs chutes dangereuses, tandis que les autres, grimpant hardiment sur les éminences, s'avançaient le long des précipices avec une confiance et une indifférence qui inspiraient la sécurité. — M. Morier ajoute, comme les autres voyageurs, qu'on en a vu faire 100 lieues en six jours et galopper pendant une journée entière (1).

Dans un *second voyage en Perse*, J. Morier s'exprime ainsi : « Les turkomans élèvent une race de chevaux superbes, qui sont peut-être plus estimés chez les Persans que ceux-mêmes de l'Arabie, et que les grands seigneurs paient jusqu'à 6 et 8000 francs. » (2).

Scott Waring, voyageur anglais, place sur la même ligne *les chevaux arabes et persans pour les meilleurs du monde.*

M. Baeska, officier de hussards prussiens, chargé d'une remonte, fit un voyage dans les provinces Turkomanes; il revint si émerveillé, qu'il dit hautement, à son retour, qu'on aurait avantage à aller y chercher les chevaux de remonte, parce qu'ils y étaient plus beaux que partout ailleurs.

Nimrod, dans son voyage en Allemagne, en visitant

(1) 1.er vol., pages 87, 115, 298 et 299,
(2) Tome 2, page 386,

le haras de Newstadt que dirigeait alors M. Strubberg et qui rassemblait de magnifiques chevaux , remarqua comme le plus distingué un étalon d'origine turkomane. Ayant monté une jument née de cet étalon, il avoua n'avoir jamais rencontré d'animal plus agréable.

Les haras militaires de l'Autriche, et plus notamment ceux de Mezoehgyès et de Radauts ont obtenu de grandes améliorations de l'emploi des étalons turkomans (1).

---

(1) Les détails que donne le duc de Raguse dans sou *Voyage en Hongrie*, *en Transylvanie*, etc., devraient appeler toute l'attention de l'administration supérieure des haras de France pour l'imitation d'un établissement aussi bien entendu que celui de Mezoehegyès. — Ses observations sur les haras russes, entre autres sur celui de Dobrenki, qui out résolu le problème d'assurer les remontes de la cavalerie russe sans coûter un sou au trésor impérial, méritent qu'on ne les laisse pas passer sans examen, et nous rappellent qu'un projet de ce haras, tendant au même but, sous certains rapports, a été présenté, il y a plusieurs années, par M. Edelin de la Praudière, à la Société Académique de Nantes. — M. Edelin a proposé d'établir un haras dans le Gâvre, l'un des plus beaux restes de ces vastes forêts qui couvraient jadis l'Armorique, appartenant au gouvernement, et offrant une circonférence de 35,017 mètres. Sur les 4464 hectares que renferme le fossé extérieur, 1475 hectares sont en terrains vagues, si convenables pour faire des pâtures, que plus d'un tiers de ces terrains actuellement sans emploi forme d'excellentes prairies. — Le Gâvre est à 7 lieues de Nantes, au centre de landes immenses, véritables déserts de nos climats, où se rencontrent les chevaux les plus nerveux du département de la Loire-Inférieure et parfaitement convenables pour la cavalerie légère , s'ils avaient un peu plus de taille.

Dans son *Voyage en Orient* (1832 et 1834), M. de Lamartine a également fait l'éloge des chevaux turkomans, qu'il met au-dessus des chevaux syriens. Citer des pages de M. de Lamartine, ce serait vouloir faire lire une seconde fois ce que tout le monde a lu. Bornons-nous donc à rappeler qu'entré chez un aga de Damas, il y vit d'abord trente à quarante chevaux des déserts de Palmyre, qu'il trouva des plus admirables, et dont il remarqua l'intelligence, qui lui sembla beaucoup plus développée qu'en Europe ; mais que bientôt il fut plus étonné encore à la vue des chevaux *turkomans*, appartenant à Schérif Bey. « Ils sont, dit M. de Lamartine, d'une race infiniment plus grande et plus forte que les chevaux arabes ; ils ressemblent à de grands chevaux normands, avec les membres plus fins et plus musclés, la tête plus légère, et l'œil large, ardent, fier et doux du cheval d'Orient. Ils sont tous bai-brun et à longues crinières : véritables chevaux homériques. »

Un officier général, aussi distingué par sa profonde instruction que par son courage, qui a fait partie de l'expédition du général Gardanne en Perse, a écrit tout récemment à M. de Robineau :

« En général, les chevaux de la Turquie d'Europe et d'Asie ont la taille moyenne ou petite, le poitrail large, l'épaule forte, l'encolure bien fournie, la croupe effilée, le sabot fin. Ils sont presque aussi souples que les chevaux arabes. On trouve cette race dans toute l'Asie Mineure jusqu'à Erzeroum ; mais la Mésopotamie offre plus de chevaux arabes.

» En Perse, au contraire (et je comprends dans les races de ce pays celle des Turkomans et du Turkestan), les chevaux sont plus hauts de taille et plus membrés. Moins vites à la course, ils supportent mieux de longs voyages; et, malgré cette force de taille et de membres, on les lance et on les arrête sur place avec un simple filet. Le mors arabe ni aucun autre n'est en usage au-delà des provinces turques.

» On a créé dans l'Arménie et dans les vallées du Kurdistan une race de chevaux qui réunit à l'élégance des formes la souplesse du cheval arabe et une grande force de résistance à toutes les fatigues. — Les beaux étalons arabes du Nedgi, accouplés, dans ces vallées, avec des juments du pays et de la Perse, ont produit cette race, entretenue avec beaucoup de soin, et qui me semble la plus parfaite entre celles de toutes les autres contrées de l'Orient. La plaine de Rizavar en possède les plus beaux types. »

Nous aurions pu nous dispenser de ces longues citations, si elles ne tendaient à appuyer les recherches de M. de Robineau; mais nous ne sentons que plus vivement la nécessité de nous résumer, en renvoyant au mémoire de l'auteur. Il y indique les moyens de se procurer des animaux de la magnifique race turkomane, dans une étendue de pays assez vaste pour ne pas craindre les mécomptes, sans toutefois dissimuler que l'accès de ces pays n'est pas chose aisée, parce qu'ils ont de rares communications avec les autres peuples, et que la sortie des animaux en serait difficile.

Il complète son œuvre, en traçant un système complet d'amélioration et de propagation de l'espèce chevaline au moyen de ces nouveaux producteurs, en indiquant combien de haras spéciaux devront être préparés pour les recevoir à l'avance dans les lieux les plus convenables, en recommandant la conservation de la pureté de la race, et en montrant, enfin, comment, par une étude suivie de ses croisements avec nos diverses espèces, on doit arriver à la modification de nos dépôts d'étalons par suite du même principe.

On ne peut nier qu'un système ainsi combiné et suivi avec persévérance pendant quinze ou vingt ans, doit suffire pour créer l'avenir de la race française proposée par M. de Robineau. Nous croyons donc que la Société Académique ne balancera pas à recommander l'examen de cette proposition au gouvernement, qui seul est à même d'en calculer les avantages ou les inconvénients.

IV.

DES MOYENS D'AMÉLIORATION IMMÉDIATS ET TRANSITOIRES.

En homme de pratique, M. de Robineau sait fort bien que ce qu'il demande pour arriver à la création d'une race française, ne s'obtiendra pas en un jour : aussi ne méconnaît-il point nos besoins actuels, c'est-à-dire nos besoins les plus pressants, quand il songe à l'avenir. Pour préparer avec intelligence nos races indigènes à recevoir ultérieurement, à l'imitation du demi-sang anglais, la grande amélioration qui fait l'objet principal de son mémoire, il sollicite de l'administration un réglement de police indispensable, si l'on ne veut pas voir se renouveler l'anéantissement de toute bonne espèce. Cette nécessité est particulièrement sentie dans nos campagnes, à la vue des petits et informes étalons qu'on laisse vaguer sur les landes et les communs. Il demande, en outre, comme M. Pâquer en a plusieurs fois exprimé le désir, un nombre suffisant d'étalons appropriés à nos races locales, avec la serte gratuite.

A cette occasion, M. de Robineau rappelle les encouragements que les États de Bretagne prodiguaient à l'élève des chevaux. Nos recherches sont d'accord avec lui à ce sujet. Ainsi, en feuilletant minutieusement les délibérations manuscrites des États de Bretagne, nous avons trouvé qu'en 1717, à la suite d'un mémoire du Conseil du Roi, basé sur l'épuisement de chevaux dans lequel les dernières guerres avaient mis la France, et

indiquant une nouvelle organisation générale des haras ,
les États de Bretagne furent appelés à concourir à cette
réorganisation.

En 1727 et 1728, ils firent des fonds pour l'acquisition
d'étalons de race distinguée, afin de régénérer l'espèce
chevaline de la province, et ils en confièrent l'achat à
MM. de Becdelièvre et de Quebriand. Il fut décidé que
la race orientale étant la régénératrice par excellence ,
on achèterait spécialement de cette race 3 chevaux pour
les évêchés de Rennes, Saint-Malo, Dol, Vannes et
Quimper, 2 pour l'Évêché de Nantes, et 3 pour l'Évêché de Saint-Brieuc, en y ajoutant des étalons étrangers d'Espagne, d'Allemagne et de Danemarck.

Des primes de 50 liv. furent accordées à tous les cultivateurs pour les plus beaux chevaux de l'âge de 2 à
3 ans, afin de les engager à les conserver jusqu'à un
âge plus avancé, et arrêter ainsi les trop nombreuses
exportations en Normandie.

Aucune jument ne pouvait être saillie par un étalon
non approuvé, sous peine de confiscation de la jument
et du cheval, et de 300 liv. d'amende à payer par leurs
propriétaires.

Tous les chevaux entiers qu'on trouvait dans les pâtures sans être entravés du pied de devant à celui de
derrière, étaient confisqués (1).

---

(1) Les étalons des Etats étaient marqués à la fesse d'une her-
mine surmontée de la lettre initiale du nom de l'évêché où ils étaient
placés.

Aucune jument ne pouvait être saillie avant l'âge de 3 ans.

En 1759, les États de Bretagne votèrent une somme de 200,000 liv. pour acheter 50 étalons et 200 juments destinés à poursuivre la régénération de la race dans la province. — La distribution en fut effectuée ainsi : 7 étalons et 30 juments dans l'Évêché de Léon , 8 étalons et 30 juments dans l'Évêché de Treguier , 16 étalons et 42 juments dans l'Évêché de Quimper, 5 étalons et 14 juments dans l'Évêché de Nantes, 4 étalons et 17 juments dans l'Évêché de Rennes, 2 étalons et 20 juments dans l'Évêché de Vannes , 4 étalons et 20 juments dans l'Évêché de Saint-Brieuc, 2 étalons et 20 juments dans l'Évêché de Saint-Malo, enfin 2 étalons et 15 juments dans l'Évêché de Dol.

Une mesure semblable, on l'avouera, suffirait aujourd'hui pour produire les mêmes améliorations dont elle fut alors la cause ; car nos éleveurs méconnaissent beaucoup trop l'influence de la jument dans la production , et c'est avec une peine profonde qu'on y voit employées tant de poulinières tarées ou difformes.

Nous croyons que, si le Conseil-Général de la Loire-Inférieure essayait de faire distribuer quelques bonnes juments , à titre de primes aux éleveurs les plus zélés, notre département ressentirait, en peu d'années, les avantages d'une semblable mesure. Il serait bien entendu que ces éleveurs prendraient l'engagement de les consacrer pendant tant d'années au moins à la reproduction.

Le Conseil-Général de la Loire-Inférieure pourrait

suivre l'exemple de celui des Côtes-du-Nord, en insistant pour l'établissement d'un dépôt de remontes à Ancenis ou à Nantes. — En 1836, le Conseil-Général des Côtes-du-Nord a voté l'acquisition de 20 juments, sous la condition que le ministre de la guerre placerait dans le dépôt de remontes de Guingamp 2 étalons, pour faire la saillie gratuite. 123 juments y ont été soumises en 1837, quoiqu'il y ait dans les Côtes-du-Nord plusieurs stations d'étalons de haras. Dans la session de cette année, le même Conseil a voté l'achat de 20 autres juments pour les placer chez des cultivateurs. Le Conseil Municipal de Guingamp a voté des fonds dans un but semblable, et le département d'Ille-et-Vilaine semble vouloir marcher dans cette voie.

En 1768, le commerce des chevaux en Bretagne faisait sortir de cette province, par année, au moins 22,000 poulains, qui, vendus à raison de 120 liv. chacun, produisaient 2,640,000 liv. Les haras de Bretagne, alors, ne coûtaient rien au gouvernement. La province en faisait seule tous les frais.

A cette époque, tout l'Ouest était extrêmement favorisé dans les mesures prises pour la propagation et l'amélioration des bonnes espèces chevalines. Le Poitou comptait plus de 100 étalons du gouvernement ou approuvés. Fontenay avait un haras de 18 étalons. L'on n'évaluait pas à moins de 600 les étalons placés sur divers points de la Bretagne, et des stations étaient établies à Nantes, Rennes, Rohan, Guingamp, ainsi que dans plusieurs autres villes.

En 1785, les Etats de Bretagne accordaient 100,000 fr. pour les haras. — A Nantes, et dans ses environs seulement, la monte était faite par 21 étalons, dont trois de pur sang oriental, tandis qu'actuellement le dépôt d'Angers se borne à l'envoi de 15 étalons pour tout le département (1).

---

(1) La France était alors partagée en quatre divisions pour l'amélioration et la production des chevaux, et quand on cherche le nombre d'étalons répartis dans chaque division, on reconnaît que l'avantage reste au passé. Voici quelle était cette répartition :

Division du Nord. — Dans l'Orléanais, 6 étalons royaux et 36 étalons approuvés. — Dans la Perche et la Beauce, 20 étalons royaux et 32 approuvés. — Dans la Normandie, un haras royal de 40 étalons, plus 89 étalons royaux disséminés et 150 approuvés. — En Picardie, 20 étalons royaux et 8 approuvés. — A Paris, un dépôt destiné à recevoir les étalons étrangers à leur arrivée en France, pour les distribuer ensuite sur différents points suivant les espèces locales. Ce dépôt contenait toujours de 36 à 45 étalons étrangers et autant de juments. — Dans le Soissonnais, 80 étalons tant royaux qu'approuvés. — Dans la Champagne, 90 étalons royaux et 60 approuvés. — Dans l'Artois, 50 étalons, tant royaux qu'approuvés. — Dans la Lorraine, le haras de Rozière avait de 48 à 50 étalons royaux.

Division de l'Est. — Dans l'Alsace, un haras de 50 étalons royaux à Strasbourg, plus 150 autres disséminés. — Dans la Franche-Comté, un haras de 10 étalons royaux, plus 36 autres disséminés et 400 approuvés. — Dans la Bourgogne, un haras de 45 étalons à Dienay, établi par les Etats, et plus de 100 étalons approuvés. — Dans le Nivernais, 6 étalons royaux et 25 approuvés. — Dans le Beaujolais et le Lyonnais, 12 étalons royaux et même nombre d'approuvés. — Dans la Bresse et le Dauphiné, un haras d'une douzaine d'étalons à Yeben, et 100 étalons approuvés.

Division du Sud. — Dans le Bourbonnais, 6 étalons royaux et

Nous avons dit que 80 à 100 étalons ne seraient pas trop pour la propagation de la race chevaline dans notre département, et nous savons cependant que les 15 éta-

---

36 approuvés. — Dans le Périgord, 16 étalons tant royaux qu'approuvés. — En Provence, le haras sauvage de la Camargue. — Dans le Languedoc, des haras à Castres, Alby, etc. — A Rodez, un dépôt de 6 étalons, et 10 autres disséminés tant royaux qu'approuvés. — Dans le Limousin, le haras de Pompadour, composé de 68 étalons et d'un grand nombre de belles juments poulinières, 160 étalons disséminés et 140 autres approuvés, plus un nombre au moins aussi considérable dans les haras formés par MM. d'Escars, de Jumilhac, de Coux, etc. — Dans la Guyenne, 10 étalons royaux et 100 approuvés. — A Tarbes, un haras de 12 étalons et 40 approuvés. — A Foix, 8 étalons tant royaux qu'approuvés. — Dans le Roussillon, au haras et disséminés, 18 étalons. — Dans la Corse, un grand nombre d'étalons sardes et napolitains.

Division de l'Ouest. — Dans le Berry, 6 étalons royaux et 36 approuvés. — Dans la Marche, à Guéret, Bourganeuf, Gramont, Château-Poinsac, etc., 15 à 20 étalons tant royaux qu'approuvés. — Dans l'Angoumois, la Saintonge et l'Aunis, 27 étalons disséminés et 160 approuvés. — Dans le Poitou, un haras de 18 étalons et autant de juments à Fontenay, plus 100 étalons disséminés et 80 approuvés. — Dans la Touraine, 16 à 18 étalons royaux et 25 à 30 approuvés. — Un haras à Chambord. — Dans l'Anjou, 18 étalons royaux et 18 à 20 approuvés. — En Bretagne, plusieurs dépôts formant haras, dans les environs de Nantes, Rennes, Rohan, Guingamp, et près de 600 étalons, de diverses races, disséminés.

Nous ajouterons que, dans les environs de Nantes, il y avait en 1760, une station de 8 étalons à Nantes, chez M. Paquer père; un étalon barbe à Couëron, chez le sieur Formend; un étalon danois à la Chênaie, chez le sieur Viand; un étalon du Holstein à

lons de nos stations cantonnales ont souvent du repos ;
mais cela tient à une routine agricole que peut seule
combattre la dissémination, combinée avec attention,

Pirmil, chez le sieur Brossaud ; un étalon danois à Carquefou, chez
le sieur Lehoux ; un étalon de selle à Haute-Goulaine, chez le sieur
Baco ; un étalon danois à Machecoul, chez le sieur Desperrières ;
un étalon barbe à Chéméré, chez le sieur Cailleteau ; un étalon anglais au Plessis, chez le sieur Duplessis Taillard ; un étalon
barbe à S.ᵗ-Lumine-de-Coutais, chez le sieur Reliquet ; un étalon
anglais à S.ᵗ-Viaud, chez le sieur Trouillard ; un étalon de selle
à Blain, chez le sieur de Piogé ; et un autre à Freigné.

En 1831, les établissements des haras contenaient : à Abbeville,
22 étalons ; à Arles, 36 ; à Aurillac, 42 ; à Auxerre, 30 ; au Bec,
38 ; à Besançon, 31 ; à Blois, 33 ; à Braigne, 36 ; à Cluny,
39 ; à Corbigny, 25 ; à Grenoble ; 34 ; à Libourne, 25 ; à Montiereu-
der, 32 ; à Parentignac, 44 ; à Pau, 48 ; à Perpignan, 38 ; au
Pin, 90 ; à Pompadour, 57 ; à Rodez, 43 ; à Rosières, 66 ; à S.ᵗ-
Jean-d'Angely, 43 ; à S.ᵗ-Lô, 52 ; à Strasbourg, 38 ; à Tarbes, 80 ;
à Villeneuve-sur-Lot, 40 ; à Angers, 47 ; à S.ᵗ-Maixent, 62 ; à
Lamballe, 50 ; à Langonnet, 40.

Au 1.ᵉʳ janvier 1838, il ne se trouvait, dans les trois haras et les
dix-huit dépôts d'étalons du gouvernement, que 850 étalons, dont
164 seulement de race pure (*Rapport de M. Vuitry à la chambre
des députés.*)

En 1838, les 15 étalons royaux envoyés du dépôt d'Angers pour
tout le département de la Loire-Inférieure sont ainsi répartis,
Boleslas, pur sang anglais, et *Triops*, à 3/4 sang Nantes. —
Emilius, pur sang ; *Milon*, anglo-danois ; *Volant et Peters*,
demi-sang, à Machecoul. — *Soliman* et *Baronnet*, demi-sang,
à Savenay. — ..... pur sang anglais ; *Démosthènes*, 3/4 sang, et
Sampson, anglais, à Ancenis.

de producteurs appropriés aux espèces que nous possé-
dons ; cela tient aussi au paiement exigé pour la saillie,
et par suite duquel les petits fermiers reculent devant

Il est positif qu'à aucune époque la Bretagne n'a reçu moins
d'encouragements pour la propagations et l'amélioration de ses chevaux. — Toutefois , si les animaux communs y étaient autrefois à
bas prix comme maintenant, les chevaux distingués y ont toujours
été payés fort chers. Ainsi quand, pour son voyage à Rouen le
duc Jean V acheta plusieurs chevaux pour compléter les montures
de son nombreux cortége, les prix d'acquisition varièrent en raison
de la position des officiers et des employés de sa maison, qui exi-
geait des chevaux plus ou moins brillants. Nous trouvons, à ce
sujet, dans les comptes de son argentier, en 1419, les dépenses
suivantes : — Un cheval de bât, 9 livres ; un cheval pour la lar-
dière 18 liv. ; un cheval pour le bouteiller , 20 liv. ; un cheval pour
Guillaume Broon , officier de sa maison , 20 liv. ; un cheval pour
Jehan du Cambout , autre officier de sa maison, 40 liv. ; un cheval
pour un chevalier de sa suite , 100 liv. ; acheté un cheval à Jehan-
Labbé , pour la selle du duc , 100 liv. ; un cheval acheté à Jehan
Louhaet , et donné , par le duc , à son fou Coquinet , 110 liv. ; un
cheval donné par le duc à messire Charles de Rohan , 120 liv. ; une
haquenée blanche , achetée à Jehan de Kermellec, et donnée , par
le duc, au bâtard d'Orléans, 60 écus d'or ; un coursier acheté à
Olivier Huon, et donné au duc de Glocester, 200 écus d'or, valeur représentant une somme considérable de nos jours.

Le recensement de la population chevaline actuelle de la Bretagne a donné :

	En 1825. —	En 1834.
Côtes-du-Nord :	75,868 —	75,550
Finistère :	73,394 —	62,975
Ille-et-Vilaine :	61,652 —	61,600
Loire - Inférieure :	24,955 —	25,095
Morbihan :	40,870 —	40,750
	276,739	265,970

une dépense dont la rentrée ne leur paraît pas immédiate, parce que, n'ayant pas d'avances, ils exploitent au jour le jour. Nos espèces locales ne commenceront donc à

La France possède environ 2,500,000 chevaux, qui produisent chaque année de 180 à 200,000 poulains, ce qui suppose près de 30,000 juments poulinières ; or, on ne compte pas audelà de 1,000 étalons royaux, ce qui n'est pas le 5.e du nombre suffisant pour une amélioration générale. — Ce sujet a été développé par M. Joseph de Robineau, député de Maine-et-Loire, dans un discours que nous avons cité déjà.

« Relativement aux remontes, dit M. Jacquinot de Presle, dans son *Cours d'Art et d'Histoire Militaire*, il est malheureusement trop vrai que, sur le nombre considérable de chevaux que possède la France, il n'y en a qu'une faible partie qui puisse servir à la cavalerie. Nous avons, à cet égard, une infériorité réelle sur la plupart des autres puissances, infériorité que nous avons néanmoins tous les moyens de faire disparaître. La Russie a de grandes facilités pour remonter sa cavalerie dans ses nouvelles provinces de l'Asie. Il serait très-difficile d'évaluer les chevaux de l'empire ; mais le prix en est devenu très élevé, ce qui est peut-être l'indice d'une rareté qui se fait sentir depuis que la Russie a augmenté le nombre de ses corps de cavalerie. — L'Autriche élève des races de chevaux très-propres à la guerre, qu'elle perfectionne dans ses haras militaires. En 1820, elle comptait 1,300,000 chevaux. La Hongrie seule en élève 400,000. Ses seigneurs, tous grands propriétaires, y ont des haras considérables. — En 1821, on comptait en Prusse 1,332,000 chevaux, tant de selle que de trait. — Aucune puissance n'a autant de facilité pour ses remontes que l'Angleterre ; car elle renferme plus de chevaux que la France, et personne n'ignore à quel point elle en a perfectionné la race. — Le Hanovre nourrit 150,000 chevaux. — Les chevaux sont rares dans la Péninsule ; les mulets en ont

grandir, sans rien perdre de leur excellente constitution, que du moment où les étalons seront assez à proximité des cultivateurs pour ne pas leur occasionner un déplacement coûteux, et avec la saillie gratuite. C'est là ce que les États de Bretagne avaient compris, lorsqu'en 1759 ils envoyèrent, en même temps, sur beaucoup de points opposés, des étalons et des juments de taille convenable. La production se ressentit de cet encouragement intelligent, et les résultats en furent patents jusqu'à l'époque désastreuse de la suppression des haras. Alors l'anéantissement des bons chevaux commença, avec nos grandes guerres, par les réquisitions multipliées que les obstacles

---

perdu l'espèce. L'Espagne n'a pu mettre en ligne que 8 à 10,000 hommes de cavalerie pendant la guerre de son indépendance. »

Nous croyons l'évaluation de M. Jacquinot de Presle exagérée relativement à la population chevaline de l'Angleterre, comparée à celle de la France. En effet, il évalue lui-même à 2,200,000 cette dernière, qu'un chiffre officielle plus récent porte à 2,500,000. Or, en 1837, on a calculé que l'Angleterre ne possédait que 2,118,195 chevaux. La France aurait donc la supériorité du nombre ; mais M. Jacquinot de Presle aurait au moins raison en ce sens que l'Angleterre compte un bien plus grand nombre de chevaux de taille.

L'effectif des chevaux de l'armée française est actuellement de 33,558, et se répartit ainsi:

3,037 chevaux au-dessous de 5 ans.		
6,337	*Idem.*	de 5 à 7 ans.
4,871	*Idem.*	de 7 à 10 ans.
17,102	*Idem.*	de 10 à 15 ans.
2,211	*Idem.*	au-dessus de 15 ans.

à la reproduction empêchèrent de remplacer, et, d'autre part, les cultivateurs se voyant impitoyablement arracher, à bas prix, jusqu'aux animaux indispensables à leurs travaux, revinrent à la petite taille par force et par raison ; par force, car ils n'avaient plus pour la saillie que les petits chevaux entiers du pays ; par raison, car créer un cheval de taille, c'était le nourrir pour l'Etat sans recevoir le remboursement de la nourriture.

Au rétablissement des haras, les étalons ne furent point en nombre suffisant pour faire cesser un usage funeste.

On objectera que l'incurie des fermiers, plus que l'abandon du pouvoir, s'est opposé au retour de la production des chevaux grands et corsés, puisque les étalons n'ont jamais été assez éloignés des cultivateurs pour les empêcher de conduire les poulinières aux stations, et que le prix de la saillie n'a jamais été assez élevé pour diminuer sensiblement la valeur du produit qui en serait résulté. Nous ne voulons pas dissimuler cette objection ; mais, et nous ne saurions trop le répéter, si les cultivateurs ont si mal compris leurs intérêts réels, c'est, encore une fois, qu'entrant presque tous, dans leurs fermes, avec de faibles ressources, ils n'en peuvent rien retrancher et redoutent ainsi le plus léger sacrifice, même quand on leur démontre l'avantage ultérieur qu'ils doivent en retirer. Or, le paiement d'une saillie et un déplacement qui les conduit à une distance assez éloignée pour entraîner des frais quelconques en dehors de ceux rigoureusement prévus, sont au nombre de ces dépenses dont ils ne comprennent pas le remboursement dans l'espoir de la vente d'un produit meilleur. Ils préfèrent un faible gain certain à un bénéfice plus considérable, mais moins assuré.

Par les mêmes causes, notre population agricole, invoquant sans cesse la pratique de ses devanciers, repousse les charrues d'un prix supérieur à celui des charrues que conduisaient les pères de leurs pères, même avec la compensation d'une besogne mieux faite et plus promptement, avec moins de fatigue pour les attelages; elle méprise les modes de culture qui, sous ses yeux, doublent les récoltes de ses voisins, et laisse en jachère des terres qu'elle pourrait utiliser fructueusement, si elle ne s'effrayait pas des moyens à employer pour obtenir des engrais. Ces engrais s'obtiendraient en se livrant à l'élève des animaux, nourris au moyen des prairies artificielles, qu'elle dédaigne pour jeter quelques maigres bestiaux sur des terres sans culture.

Combien de temps encore subsisteront ces pratiques routinières, nées de l'habitude et de la nécessité? Nul ne le sait; mais un pouvoir qui ne chercherait pas sérieusement à les faire disparaître, comprendrait peu sa mission, et ressemblerait à ces professeurs insouciants qui, donnant tous leurs soins à quelques bons élèves, dédaignent de relever, par un appui bienveillant et indispensable, les intelligences qui sommeillent ou sont découragées.

Pour rentrer dans la spécialité qui nous occupe, avec une insistance que notre conviction nécessite et qui nous fait revenir encore sur une pensée déjà émise plusieurs fois, on ne peut nier que l'augmentation du nombre des étalons, contribuerait à amener le résultat désiré, si des juments données, à titre de primes, avec des conditions qui prépareraient l'avenir, venaient, par leurs produits, fournir des exemples plus profitables que les meilleurs conseils, et prouver qu'une poulinière trop petite, ou difforme, ou tarée (et ce sont presque les seules employées actuellement, même chez les propriétaires) ne peut donner un animal distingué et de vente avantageuse, fut-elle couverte par le plus magnifique étalon. — Voyez ce qui se passe chaque jour autour de nous : de trop petites juments étant amenées aux étalons des stations, leurs poulains, sans ensemble, décousus dans leurs formes et dans leurs mouvements, sont beaucoup plus difficiles à vendre que ceux nés de l'accouplement de producteurs communs, mais d'une même conformation. Le fermier, à la suite des déceptions éprouvées sur le champ de foire, se plaint des étalons royaux et n'y retourne plus, parce qu'on a vu qu'il ne se rend pas compte de la cause de sa déception.

Cependant, si cette cause est facile à apercevoir, elle l'est moins à faire disparaître. D'une part, il faut la distribution des juments, sur laquelle nous insistons encore, pour les livrer aux étalons de sang des stations actuelles ; d'autre part, il faut la dissémination d'étalons de taille moyenne, choisis avec discernement parmi les meilleurs de la race bretonne, comme la Société Académique l'avait essayé en 1830, afin d'accroître progressivement, avec persévérance, la taille des petites juments du pays par des accouplements convenables , et de mettre nos espèces locales à même d'être ultérieurement et complétement améliorées par les étalons de l'État.

Ainsi, d'un côté , nous demandons, conséquents avec nous-mêmes, la création d'une race de pur sang, pour propager les bons producteurs destinés à maintenir la pureté des races ; et, de l'autre, nous proposons les moyens tendant à améliorer les espèces utiles , pour arriver lentement peut-être, mais sûrement, à un progrès général.

Au lieu de cela , que fait-on ? On avoue que nous avons une population considérable en chevaux qui, plus grands, fourniraient amplement aux remontes ; mais , pour atteindre ce but désiré, on ne trouve rien de mieux que d'envoyer des étalons de la plus haute taille, avec le principe que la mission de l'administration des haras est de conserver les belles races et non de pousser à la production des espèces utiles, celle-ci étant l'affaire de l'industrie privée. Alors revient notre grave objection, à savoir que ce principe est en opposition avec celui de l'administration des remontes , et que dès-lors une amélioration complète n'est possible qu'en faisant entrer les haras dans les attributions du ministre de la guerre, qui seul, suivant les expressions du maréchal Soult, peut remplir la double mission d'assurer la reproduction de toutes les espèces indistinctement et d'en assurer la vente.

Mais, en se bornant à nous envoyer des étalons de haute taille, qu'en résulte-t-il ? De deux choses l'une, ou l'on consent à leur livrer quelques-unes des innombrables petites juments de nos campagnes, et leurs produits, trop délicats , trop tardifs pour les besoins des paysans qui les font travailler jeunes afin de se récupérer de leur entretien, n'obtiennent pas un acheteur; ou bien on refuse de les laisser féconder de trop petits animaux, et le cultivateur a forcément recours aux chevaux entiers du pays qui perpétuent la même espèce et la même taille. Par suite, la production abonde; la taille et la corpulence manquent.

Ce n'est pas que nous désirions l'anéantissement de cette population de petits chevaux nerveux, infatigables, sobres comme les chevaux de l'Orient et capables de fournir comme eux les courses les plus longues , ces chevaux si utiles , nous dirons presque indispensables avec les méthodes de culture en usage dans la Loire-Inférieure, et qui, nourris dans nos vastes landes, ne coûtent pas un sou à leur ingrat et insouciant possesseur; mais , tout en conservant cette excellente espèce dans une forte proportion, on pourrait obtenir , par le moyen transitoire que nous avons indiqué, des animaux ayant plus de corps et qui seraient plus grands, si l'on ne tournait pas dans un cercle vicieux , où le gouvernement et les cultivateurs se maintiennent avec une égale ténacité , contrairement aux intérêts généraux.

L'amélioration progressive est seule praticable pour ne pas contrarier les lois de la nature , qui ne se modifie jamais par des alliances extrêmes.

Après cela, en thèse générale, c'est ici le cas de ne pas dissimuler que la complète amélioration des chevaux en France, ainsi que M. Lamaignère en a déve-

loppé la pensée dans le sein de la Commission , est né-
cessairement liée à celle de l'Agriculture. Quant aux
encouragements à lui donner pour la propagation , l'un
des plus certains sera l'élévation , souvent réclamée, du
prix d'achat pour les remontes (1). Notre collègue ne

---

(1) Ce qui s'est dit à la chambre des députés , dans la session de
1838 , vient à l'appui de cette assertion.

La population chevaline sur laquelle agit l'administration des remontes , présente un total de 907,182 juments, dont, terme moyen,
255,527 saillies donnent 132,714 naissances. Les achats pour les remontes sont de 5,291.

Ces chiffres se répartissent ainsi :

Dépôts de remonte.		Juments.	Saillies.	Naissances.	Achats.
Caen ,	10 dép.	246,347	72,997	40,000	2,412
Guingamp ,	5 dép.	141,283	70,200	34,871	292
Villers ,	7 dép.	194,969	47,750	25,755	219
S.ᵗ-Maixent,	6 dép.	81,492	17,400	8,658	1,134
Guéret ,	14 dép.	147,106	25,310	12,407	483
Auch ,	14 dép.	95,985	21,870	11,023	751
		907,182	255,527	132,714	5,291

L'on voit que les mères et les naissances ne manquent pas , et
cependant sur 132,714 poulains , les remontes n'ont acheté que 5291
chevaux. C'est que la concurrence du commerce donne des prix plus
élevés que l'administration de la guerre.

Ici nous devons consigner l'observation faite à la chambre , par
M. de la Fressange :

« A mesure que l'industrie manufactière, par ses progrès continuels,
tend à produire à meilleur marché , à accroître le nombre des consommateurs de ses produits, à augmenter ses capitaux; à mesure que
la propriété se morcelle , la valeur de la terre s'accroît. Mais l'industrie agricole , resserrée dans ses procédés de production , bornée

voit la production possible des chevaux de luxe tels qu'on les veut maintenant, que par le gouvernement ou par de riches amateurs. Il croit, toutefois, que les cultivateurs pourront livrer au commerce une plus grande quantité de beaux carrossiers, lorsque les capitaux, au lieu d'aller s'engouffrer dans la grande cité où domine la centralisation, prendront le chemin moins brillant, mais plus sûr, des résidences rurales, comme en Angleterre et en Allemagne; lorsque les propriétaires de châteaux cesseront de dédaigner les occupations des champs; lorsqu'enfin les enfants de familles opulentes, au lieu d'aller, en quittant le collége, prendre une position incertaine ou des fonctions amovibles, inutiles ou

---

dans l'étendue de ses progrès, subit désavantageusement la conséquence de l'élévation du loyer du sol, et doit exiger un prix plus élevé de ses produits.

» Le commerce lui-même, par l'accroissement de son activité, est mis en demeure de payer ses chevaux plus chers, et cependant l'administration de la guerre est resserrée dans une limite de prix qui diffère à peine de ceux qui lui étaient accordés il y a vingt ans.

» L'administration de la guerre dit : Si nous ne trouvons pas en Bretagne ce que nous cherchons, ce n'est pas assurément que les chevaux n'existent pas, les faits prouvent que c'est une des contrées de la France qui produisent le plus ; et quant à la qualité, demandez au commerce, s'il est satisfait ? La vérité, c'est que, sur 34,871 naissances, il veut bien vous en laisser 292.

»Quelles sont donc les vues et les moyens efficaces de l'administration de la guerre pour parer à ces inconvénients ? — Donnez-nous de l'argent pour nous présenter avec avantage en concurrence avec le commerce. »

7

fatales à leur avenir, iront chercher, dans des institutions agricoles, des connaissances à l'aide desquelles ils pourront se fonder une existence indépendante, honorable et éminemment utile aux populations arriérées de nos campagnes.

Aux personnes qui, pour exemple dans les meilleures manières d'élever les chevaux et de les propager, nous citent le nord et l'est de l'Europe, M. Lamaignère répond qu'en France (au moins dans les départements de l'Ouest) l'agriculture n'est pratiquée, à peu d'exceptions, que par une population ignorante et pauvre. Notre collègue insiste particulièrement sur l'immense différence qui, à cet égard, existe entre la France et l'étranger. Là, nous dit-il, l'instruction et les capitaux concourent au perfectionnement de l'agriculture depuis nombre d'années. Le goût des chevaux est aussi naturel aux étrangers qu'il l'est peu chez nous. Ils les élèvent avec soin et les vendent avec des bénéfices. Ici, on les élève sans méthode, et, lorsque quelques propriétaires, en dehors des habitudes générales, avec des soins multipliés et dispendieux, ont obtenu des animaux de choix, ils ont eu beaucoup de peine à s'en défaire, parce que la bonne compagnie n'a pas moins de préjugés que le reste de la population. Au lieu de cet esprit patriotique qui porte sans cesse les Anglais à consommer les produits de leur sol et à prendre le moins possible à l'extérieur, on n'aperçoit chez nos riches consommateurs qu'un dédain décourageant pour tout ce qui a été créé sous leurs yeux. C'est ainsi que les chevaux de la race limouzine

restent sans acheteurs , et que cette belle et pure race ,
qui ne le cède en rien, si elle n'est supérieure , à toutes
les races européennes, va peut-être disparaître par suite
d'un délaissement injuste et inexplicable. C'est ainsi que,
de tous les chevaux , les plus difficiles à vendre à ceux
qui donnent le ton par leurs richesses dans la capitale,
sont les Normands , tels beaux et bons qu'ils puissent
être : il faut que les Allemands nous les achètent pour
nous les revendre ensuite avec plus de réputation et plus
de valeur. C'est ainsi, pour citer un dernier exemple ,
que la cavalerie belge se remontait dans les Ardennes,
quand nous demandions une partie de nos chevaux de
troupe à l'extérieur. Ce fait incompréhensible , que nous
a cité M. Lamaignère , paraît n'être que trop vrai. Le
gouvernement belge a fait acheter des chevaux dans les
Ardennes, à raison de 800 francs par tête. Quand on
n'accorde , pour la même arme en France, que 350
à 500 francs. — Nous ne pouvions passer sous silence
un fait semblable, et l'administration doit le démentir,
s'il n'est pas exact, à moins qu'il n'entre dans ses vues
d'imiter l'industrie anglaise, qui vend à l'Europe autant
de chevaux qu'elle peut en livrer au-dessus de 2,000
francs, pour les remplacer , dans les services publics,
par des chevaux importés, qu'elle n'achète pas au-dessus
de 1000 francs.

L'absence de tout esprit national, sans discernement
et par le seul entraînement de la vogue, de la mode ,
est malheureusement celui de la France en fait de productions industrielles. L'on doit donc de la reconnais-

sance aux citoyens dévoués qui s'efforcent de ne pas céder à l'entraînement commun. Aussi, les considérations qui précèdent et qui toutes témoignent de l'intérêt gouvernemental que doit inspirer l'élève des chevaux dans un Etat, nous autorisent à croire que l'appui de la Société Académique ne manquera pas à des propositions qui tendent à raviver et à généraliser cet intérêt. Le projet qui a motivé le travail consciencieux que nous lui soumettons, n'a pas été conçu dans un autre but.

En définitive, la commission au nom de laquelle est fait ce rapport, a été unanime pour reconnaître dans le mémoire de M. de Robineau un travail utile, consciencieux, entrepris dans un intérêt national : elle vous demande donc que ce mémoire soit adressé officiellement par la Société Académique, aux deux ministres dont il mérite de fixer l'attention.

Nantes, le 23 avril 1838.

Les membres de la Commission,
LAMAIGNÈRE, CHAILLOU, PAQUER;
Camille MELLINET, rapporteur.

La Société Académique, dans sa séance du 2 mai 1838, a donné son approbation complète aux conclusions de ce rapport.

www.ingramcontent.com/pod-product-compliance
Ingram Content Group UK Ltd.
Pitfield, Milton Keynes, MK11 3LW, UK
UKHW022042170726
13837UKWH00002B/747